阿嬤時代最流行的
100道
米食點心

第一次動手做就能成功的超強古早味
2000 張照片全圖解

陳麒文 ——— 著

I Love Rice Food

作者序

100款甜鹹米食，讓全家人越吃越健康！

　　一直熱愛中式點心的我，從第一本《名師親授黃金配方！中式麵食點心》到這本書，內容都是包羅萬象，包含傳統糕粿，還有同樣以米為主食的亞洲經典米製產品。這是我第二次與日日幸福出版社合作，麟文肯定日日幸福團隊的工作專業度、製書經驗豐富，對麟文而言，是值得信賴的好夥伴。

　　「中式米食」一直是我所喜愛的食物，曾在中華穀類食品工業技術研究所、國立高雄餐旅大學這兩個餐飲界目標性的地方教過中式米食。麟文也到世界各地推廣台灣米食，從米糕、肉粽到肉圓，都是深受國外人士所喜愛，而當老外看到油飯時，立即知道它來自台灣的美食之一。

　　這本食譜專書包含100種米食與相關點心產品，還要教你如何辨識各種米的特性與挑選方法，並告訴大家如何運用到書中米製品，除了傳統常見的芋粿巧、甜年糕、蘿蔔糕等之外，甚至也收錄喜宴常會吃到的花好月圓（炸湯圓），還有健康又具創意的熊造型湯圓、彩虹雙圓、國粹麻將糕等。本書用許多天然食材，例如：艾草粉、紫地瓜粉、抹茶粉、紅麴粉、南瓜粉等取代人工色素及色膏，讓所有熱愛米食的讀者，越吃越健康！

　　成書期間，特別感謝攝影師阿和哥及主編小燕姐，這是第二次合作，在拍攝時，大家已經相處似一家人，非常有默契順利完成，也很喜歡美編在書中的所有設計，謝謝！同時也感謝總編輯鄭淑娟的用心，帶領著團隊，對於每本書的要求一致，以讀者為出發點來編撰，讓讀者可以非常放心且輕鬆學習；並且感謝行銷秀珊姐辛苦找廠商贈品，讓讀者填寫回函卡參加抽獎活動。

　　最後，感謝我最親愛的學生子庭、雁琳、心伶，拍攝時的協助，讓這本書可以順利出版，麟文在此心存感謝，也期盼大家會喜歡這本書喔！

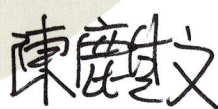

目 錄
Contents

作者序：100 款甜鹹米食，讓全家人越吃越健康！—— 2
如何使用本書 —— 8
本書需準備的器具與材料 —— 10
索引：本書各地風味米食產品一覽表 —— 261
附錄：烘焙食品材料行一覽表 —— 263

Part 1　新手入門掌握訣竅

認識米的種類與特性 —— 20
- 米的營養非常豐富 —— 20
- 吃米好處多多 —— 20
- 稻米家族 —— 20
- 米粒種類 —— 20
- 米粉種類 —— 22

製作米食的成敗問答集 —— 23
- 為什麼要在糕粿外表抹油？ —— 23
- 糕模抹油的原因？ —— 23
- 粉漿糰龜裂時，應該如何處理？ —— 23
- 蒸米食點心的計時標準？ —— 23
- 油炸糕點的成敗重點？ —— 23
- 製作米漿糰產品的重點？ —— 23
- 米粉類糕點的填模重點？ —— 24
- 蒸製米粉類糕點時，蓋白紙的原因？ —— 24
- 模具大小會影響蒸烤時間？ —— 24
- 擀漿糰的注意事項？ —— 24

- 洗米的重點？ ── 24
- 選購米與保存方法？ ── 25
- 煮米漿糊的重點？ ── 25
- 為什麼米漿糰要收圓？ ── 25
- 選購粉類與保存重點？ ── 25
- 為什麼粉類要過篩？ ── 25
- 烘烤糕點的重點？ ── 26
- 蒸籠的清潔與收藏重點？ ── 26
- 吃不完的糕粿要如何保存？ ── 26
- 餡料必須放涼才能使用？ ── 26

親手製作好用又安心的豆沙餡 ── 27
- 基本白豆沙餡 ── 27
- 白豆沙餡 ── 28
- 基本紅豆沙餡 ── 29
- 紅豆沙餡 ── 30
- 紅豆粒餡 ── 31
- 棗泥餡 ── 32
- 基本綠豆沙餡 ── 33
- 綠豆沙餡 ── 34
- 蓮蓉餡 ── 35

Part 2

粒粒好滿足 ｜ 米粒類

- 筒仔米糕 ── 38
- 油飯 ── 40
- 港式荷葉雞飯 ── 42
- 竹筒飯 ── 44
- 台式肉粽 ── 46
- 豆沙粽 ── 49
- 椰汁越南肉粽 ── 52
- 泰式鳳梨炒飯 ── 54
- 台式紫米飯糰 ── 56
- 明太子烤日式飯糰 ── 58
- 照燒豬肉米漢堡 ── 60
- 米製可樂餅 ── 62

4

阿嬤時代最流行的100道米食點心　　Contents ———— 目錄

- 可愛一口壽司 —— 64
- 彩虹壽司捲 —— 67
- 超卡哇伊豆皮壽司 —— 70
- 珍珠丸子 —— 73
- 糯米腸 —— 74
- 米窩窩頭 —— 77
- 廣東粥 —— 80
- 海鮮粥 —— 82
- 八寶粥 —— 84
- 韓式人參糯米雞湯 —— 85
- 三色韓式米花糖 —— 86
- 桂花甜藕 —— 88
- 傳統桂圓甜米糕 —— 90
- 紫米地瓜糕 —— 92
- 泰式芋頭黑糯米 —— 94
- 雲南糯米粑粑 —— 96
- 土耳其米布丁 —— 98

Part 3

經典好滋味 │ 米漿糰

- 肉圓 —— 102
- 鹼粽 —— 105
- 蘿蔔糕 —— 108
- 碗粿 —— 110
- 油粿 —— 112
- 潮州鹹水粿 —— 114
- 米蚵仔煎 —— 116
- 鹹水餃 —— 118
- 炒韓國年糕 —— 120
- 芋粿巧 —— 122
- 草仔粿 —— 124
- 菜包粿 —— 126

- 紅龜粿 ——— 129
- 芋籤粿 ——— 132
- 油蔥粿 ——— 134
- 頂級 XO 粿 ——— 136
- 蜜汁粳仔粿 ——— 138
- 客家黑糖九層粿 ——— 140
- 客家粿粽 ——— 143
- 甜年糕 ——— 146
- 芋頭糕 ——— 148
- 驢打滾 ——— 150
- 芝麻花生麻糬 ——— 152
- 冰皮水果月餅 ——— 154
- 黑糖牛浣水 ——— 156
- 花生米漿 ——— 158
- 核桃桂圓米蛋糕 ——— 160
- 芝麻球 ——— 162

- 花朵米發糕 ——— 164
- 彩虹雙圓 ——— 166
- 黑糯米捲 ——— 169
- 桂圓倫教糕 ——— 172
- 紫玉涼糕 ——— 174
- 熊腳印紅豆年糕 ——— 176
- 花好月圓 ——— 178
- 紅豆缽仔糕 ——— 180
- 叉燒腸粉 ——— 182
- 心太軟 ——— 184
- 水果酒釀甜湯圓 ——— 186
- 可愛熊熊湯圓 ——— 188
- 白糖粿 ——— 190
- 草莓水果米布丁 ——— 192
- 米苔目八寶冰 ——— 194
- 翡翠白玉粿 ——— 196
- 日式米串燒 ——— 199

阿嬤時代最流行的100道米食點心　　　　　　　　　Contents ──── 目錄

- 草莓大福 ──── 202
- 日式煎草餅 ──── 204
- 皇室米點心 ──── 206
- 泰式三色糯米球 ──── 209
- 泰國黃金糕 ──── 212
- 泰國象鼻子糕 ──── 214
- 椰香糯米糍 ──── 216
- 南洋娘惹糕 ──── 218
- 糯米巧克力蛋糕 ──── 220
- 十穀米麵包 ──── 222
- 紫金米吐司 ──── 225

Part 4　茶飲好搭檔 ｜ 米粒類

- 桂花糕 ──── 230
- 節慶鳳片糕 ──── 232
- 糕仔崙 ──── 234
- 杏仁糕 ──── 236
- 芋頭鬆糕 ──── 238
- 相思糕 ──── 240
- 酥油糕 ──── 242
- 紅豆鬆糕 ──── 244
- 雪片糕 ──── 246
- 茯苓糕 ──── 248
- 芝麻糕 ──── 250
- 國粹麻將糕 ──── 252
- 梅香糕 ──── 255
- 咖啡糕 ──── 256
- 熊熊創意起司糕 ──── 258

如何使用本書
How to us this book?

1. 這道米食的中文名稱。

2. 這道米食賞心悅目的完成圖。

米漿糰
糕仔崙

I Love Rice Food

3. 這道米食適合製作的食用份量。

4. 這道米食的蒸製、烹煮的火候，或烘烤完成的溫度。

5. 材料一覽表，正確的份量是製作料理成功的基礎。

| 份量 | 約 **24** 個（每個約 20g） | 火候 | **小火** | 時間 | **蒸 5** 分鐘 | 最佳賞味期 | 室溫 1 天 / 冷藏 3 天 |

| 材料 | A | 糕粉 | 糖粉 200g、水 30g、麥芽糖 30g、鹽 1g、沙拉油 3g、糕仔粉 60g、鳳片粉 60g、綠豆粉 125g |
| | B | 其他 | 抹茶粉 5g |

2 3 4

6. 這道米食烹製的時間。

7. 這道米食建議的最佳賞味期限與方式。

8

How to use this book? ── 如何使用本書

阿嬤時代最流行的100道米食點心　　　　　　　　　Part ④

1
糖粉、水、麥芽糖、鹽與沙拉油放入調理盆中，混合拌勻成濕糖狀。

2
接著加入糕仔粉、鳳片粉與綠豆粉拌勻。

3
過篩後，取得較細的糕粉。

8. 步驟分解圖，可讓您對照在操作過程中是否正確。

4
將糕粉分成兩份（1份320g、1份160g），160g的小份與抹茶粉先混合拌勻，過篩即為綠色糕粉；320g為原本白糕粉，備用。

5
先取適量的白糕粉填入鳳梨造型模中。

6
再填入適量的綠色糕粉於鳳梨頭（白、綠比例為2：1）。

7
用手壓緊實。

9. 詳細的步驟文字解說，讓您在操作過程中更容易掌握重點。

8
再小心脫模。

9
放入排好已鋪蒸籠紙的蒸籠中，並蓋上一張白紙。

10
以小火蒸燜的方式，蒸約5分鐘至定型為止，取出後待涼即可。

零失敗 Tips
- 糕仔崙冰過後，食用前需要用電鍋或蒸籠蒸熱。
- 在蒸製時，上面必須蓋一張白紙，可以防止水氣向下滴。
- 所使用的粉全部為熟粉，所以只要將粉緊壓，蒸製時外觀定型即可食用。

10. 米食冷藏後的最佳回溫方式，以及操作過程中的關鍵技巧。

235

本書需準備的器具與材料

當興趣滿滿想做米食糕點小吃時,才發現不知道要準備什麼器具與材料?這裡將提供基本器具與材料模樣及用途說明,幫助你購買到適合的產品,並且快速了解它們的使用方法!

器具篇

手持式食物調理機

為多用途料理輔助工具,可以切碎食材、製作蔬果汁,將蒸好的根莖類攪打成泥狀,甚至攪拌麵糊也非常理想。

果汁機&冰沙機

材質通常為玻璃、PVC 聚氯乙烯,主要用途為混合食材及攪拌食材成泥狀,尤其適合製作豆沙餡。價格會因為馬力、尺寸規格以及材質而有不同,可以依照個人需要來挑選。使用前,建議先倒入溫水攪打並清洗,可以有助於殺菌與清潔。

座立式攪拌機

常用來攪拌麻糬米漿糰、饅頭或麵包類的麵糰材料,一般是 300W 到 500W 左右的功率;攪拌器也可拆下來方便清洗及更換,常見有球狀、勾狀、漿狀拌打器,可依照需要攪拌的食材而決定。選購時以不銹鋼材質為佳,其價格會因產品規格等而有差異。

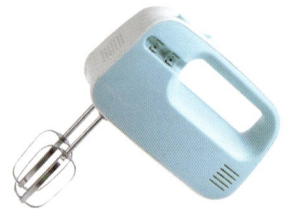

手持式電動攪拌器

常用於攪拌麵糊、奶油、蛋白等,可以更省力,有含各階段的變速功能,一般功率是 180W 到 300W,攪拌棒可拆下來清洗,其價格通常為六百到一千元不等。

Tools and Materials — 器具與材料

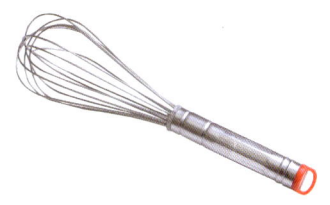

打蛋器

不銹鋼材質為主，外觀有球狀、網狀兩種，適合攪打混合雞蛋、蛋白霜、奶油、鮮奶油等少量材料，請挑選好握，價格合理為主。

蒸籠

一般常見材質有竹製、不銹鋼製或鋁製。竹製蒸籠較為透氣，且不易滴水；不銹鋼製蒸籠透氣性比較差一些，但非常耐用，可於蒸籠蓋包裹布巾，於蒸製時，吸取多餘水分即可。竹製蒸籠使用完後除了清洗乾淨外，還必須晾乾或風乾，以防止發霉；而不銹鋼製蒸籠除了耐用外，在清洗完後只需擦乾水分就可以收藏。

平底鍋

可以用來煎或烙產品，使產品加熱到熟。多數平底鍋都有不沾處理，在鍋面使用鐵氟龍處理使其具有不沾黏效果。清洗時建議使用表面較柔軟的布料或海綿層清洗，不宜用菜瓜布或鐵刷去刷洗，以免刷掉鐵氟龍設計，而損傷鍋子。

深炒鍋

可以準備一個不銹鋼不沾材質的炒鍋，直徑約30公分且有深度容量，除了當炒鍋外，也能當湯鍋、蒸鍋底層裝水煮使用，在書中為經常拿來烹煮各款粽子。

湯鍋

用於汆燙食材，或是烹煮粥品、湯品及煮糖水的鍋具，請挑選鍋體輕巧且導熱快速均勻、附鍋蓋為佳，並適用於多種爐具為宜，會更方便操作。

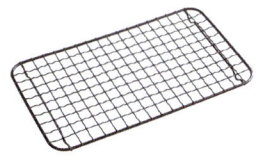

成品涼架

又稱出爐架，放置出爐待冷卻的糕點，可以幫助散熱，能防止過度悶熱而使產品軟化，或水氣太多而影響產品保存期限及外觀。涼架以網狀為佳，讓產品的底部可以保持通風。

烤盤

烤盤大小必須與烤箱大小相符合，烤盤太小則烘烤時會因為吸熱過度集中，而導致多數產品未熟，而受熱不均勻的產品將因為受熱太高而部分過焦。

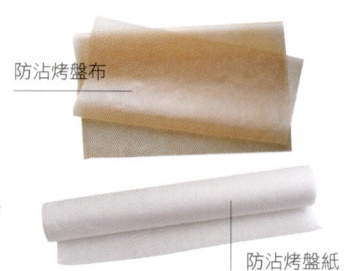

烤箱

每種烤箱的強度和預熱時間各有不同，使用前必須以欲製作糕點的烘烤溫度預熱 10～20 分鐘，讓溫度達到恆溫的狀態，再將準備烘烤的糕點放入烤箱，放置於中間層，會讓糕點受熱均勻。如果預算充足，建議購買有上、下火分開控制的烤箱為佳。

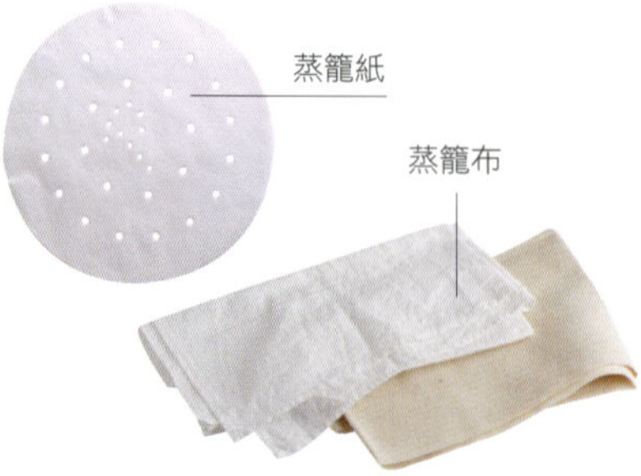

蒸籠布 & 蒸籠紙

使用蒸籠必備工具，包含可以重複使用的蒸籠布、一次性蒸籠紙兩種，沾水後擰乾，再鋪於蒸籠底部，具有防沾黏作用。

防沾烤盤布 & 防沾烤盤紙

防沾烤盤布適用鋪於烘烤類或需要加熱的產品下層，具有不沾、防油的效果，優點是可重複使用，在每次使用完後，以清水沖洗，並晾乾即可收藏待下次使用。防沾烤盤紙主要用於防水、防油、抗黏及耐高溫，可以裁成所需要的大小、圖樣，但只能單次使用，使用完即需要更換。

白紙

烘焙材料行有販售整捲的白紙，也可以用 A4 影印紙替換，能於蒸製米粉類糕點時派上場，覆蓋於糕點上再去蒸，可以防止水滴落入而影響糕點的成敗與外觀。

鋼盆

市面上以不銹鋼材質居多，鋼盆主要用於裝盛較大量的粉類、食材等；鋼盆的功能多，可用於揉麵粉、拌餡料及在爐火上加熱。而不同尺寸的鋼盆適合不同份量的產品使用，在每次使用完畢後，必須清洗乾淨外，也需要擦式乾淨再疊起來存放。

玻璃調理盆

可以依需要挑選適合的尺寸，用來混合粉漿糊、蛋糕糊、餡料的最佳器具，也適合做為料理前的食材分裝容器。

擀麵棍

擀麵棍外觀分為直形、含把手形兩種，長度規格有 30 公分、60 公分，材質有塑膠、實木等，較常見為木製。主要是將麵糰、麵皮擀成適當厚薄的作用，使用後必須洗淨，並晾乾後收藏。

阿嬤時代最流行的100道米食點心　　　　　　　　　Tools and Materials ──── 器具與材料

漏勺

可以用來撈起水煮或油炸食物，做到濾乾水分或油分的效果，請挑選不銹鋼材質為佳，撈油炸物時，必須擦乾漏勺水分，以免入油鍋時，產生油濺出而發生危險。

篩網

主要用來過篩粉類，篩網孔洞大小能依照需求而選購，也常用來過濾液體以濾掉雜質或氣泡，例如：布丁液、黑糖糕液等，使產品質地更細緻。

電子秤

能精準秤量所需要材料的重量，而電子秤價位上差異很大，從一百到五千多元都有，主要差別在於其精準度及使用壽命。一般家用或新手入門者，選購可秤量3～5公斤，並能秤量到小數點後一位電子秤更佳。

計時器

不管在蒸或是烤的產品，時間的掌控是非常重要，計時器的功能越簡單越好，只要容易操作且價位一般即可。

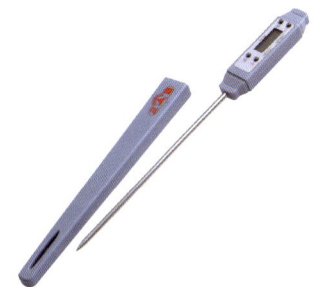

溫度計

一般可分為探針式、紅外線兩種，探針式可用金屬去探測加熱物質的中心溫度；紅外線則是用折射去反應探測物表面的溫度。溫度計大部分用於測量油溫、水溫、糖漿及麵糰發酵溫度為主。

量杯

有玻璃、不銹鋼、塑膠等材質，不管那種材質，在量杯外均會有刻度表示，如果需要量取熱水時，則建議購買具耐熱性的量杯為佳。

刷子

用來沾少許油塗抹於模具內側，或是刷除糕點多餘的殘粉，也適合於烘烤類產品表面刷上一層蛋液。使用後必須洗淨並吊起來晾乾，保持乾燥為佳。

橡皮刮刀

材質為 TPR 橡膠、PP 塑膠等，以無接縫設計面、不藏污納垢、強化橡膠材質耐摩擦、不刮傷其他器具表面為佳。適用於製作糕點、甜品等攪拌時使用，尤其是拌粉、拌麵糊都非常適合。如果有多一點預算，也可以購買耐熱材質，適合直接拌熱餡料。

切麵刀

通常分為不銹鋼切麵刀、塑膠刮板兩種，多用來切割麵糰或抹平麵糊表面等。常用於烘焙及製作中式點心等，其價格會因為尺寸及材質而不同。

隔熱手套

在產品剛烘烤或蒸製完成時，可戴上隔熱手套再拿取烤盤或蒸籠，能避免燙傷。耐高溫手套一般具備耐燃、隔熱、不產生有毒氣體及耐磨耗等特性，目前大部分使用玻璃纖維、樹脂纖維等製作，可避免燙傷。

四角孔模

為不銹鋼材質的模具，底部有均勻分布的孔洞，適合拿來裝盛欲蒸製的糕粿，藉由孔洞再到糕粿，能蒸製出漂亮的外觀。使用完畢後必須清洗乾淨，並晾乾後收藏。

實心模

有圓形模、方形模、長方模，底部為有底部的實心模具，可以拿來裝盛糕粿米漿糊、西點的麵糊等，可以到烘焙材料行依需要的尺寸購買，使用完畢後必須清洗乾淨，並晾乾後收藏。

空心模

有不同尺寸的圓形、方形、長方形空心模，也可以稱為慕斯圈。用來裝盛需要脫模的糕粿漿糰，或是做為製作米漢堡壓圓形的器具，可以到烘焙材料行依需要的尺寸購買，使用完畢後必須清洗乾淨，並晾乾後收藏。

Tools and Materials —— 器具與材料

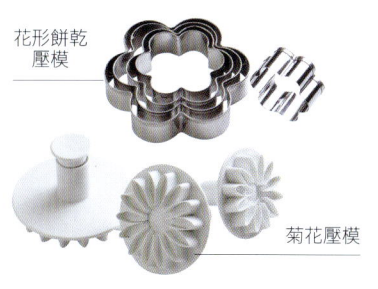

花形餅乾壓模
菊花壓模

造型模

米粉類糕點可以用許多造型模來壓取混合完成的熟粉料，其材質有分為不銹鋼、鋁合金、塑膠三種，可以依個人喜愛的挑選，但是造型越複雜或是太細碎的圖案，可能會影響操作速度，所以盡可能挑選圖案簡單為宜。

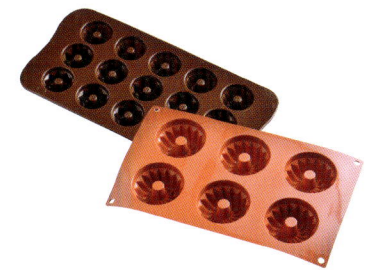

耐高溫矽膠模

可以進烤箱、蒸籠、微波爐的耐高溫造型模，有許多圖案可以挑選，可以用來裝盛糕粉、糕漿糊後烘烤或蒸製，脫模後非常容易清洗，購買時請留意最高耐熱溫度。

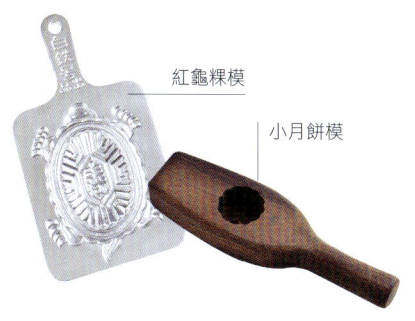

紅龜粿模
小月餅模

糕粿專用模

傳統糕粿會有一些專用模，有些會刻象徵吉祥好采頭的圖案，有木製、不銹鋼、鋁合金材質，可以用來製作紅龜粿、小月餅、冰皮月餅等。

筒仔米糕模

市面上有售專用米糕模，有不銹鋼、鋁合金材質，依需要的尺寸挑選，適合製作筒仔米糕，或是裝盛古早味排骨湯，甚至也可以裝盛布丁液完成蒸烤布丁。

蛋糕紙模

屬於一次性耐高溫蛋糕模，有許多尺寸與圖案可以挑選，適合襯在蛋糕杯模後裝盛糕粿麵糊，或是裝盛蒸好的麻糬等。

蒸飯巾

先將蒸飯巾鋪於蒸籠，再把生米鋪於蒸飯布上，讓蒸飯不會沾黏且不再有鍋巴，可以重複使用，使用完畢後清洗乾淨，並晾乾後折好收藏即可，是省時又省力的小幫手。

漏斗

超市或五金材料行可以購買到漏斗，可以協助灌製糯米腸的最佳小幫手，挑選時請以大尺寸為佳。

15

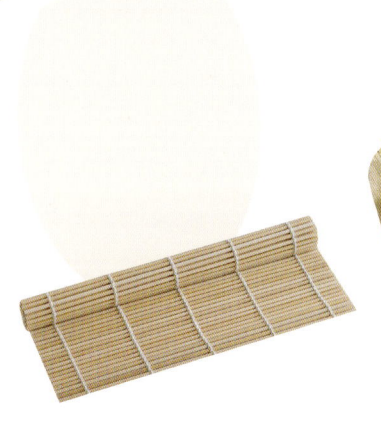
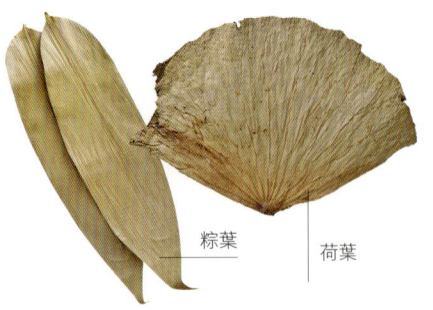
粽葉　荷葉

壽司捲簾

是製作壽司捲的好幫手,將米飯與餡料鋪好後,小心捲起,邊捲邊稍微壓一壓,藉由捲簾的協助,讓壽司外觀更為挺直且寬細相同。使用後清洗乾淨,並晾乾後折好收藏即可。

粽葉＆荷葉

端午佳節時隨處可見粽葉與荷葉,平時可以到南北雜貨行購買,購買回來時,務必清洗表面的灰塵與可能的翠綠化學染劑,並用熱水燙過會更確實殺菌,待瀝乾水分就可以拿來包米與餡料了。

粽繩

用來將粽子綁緊的繩子,大部分為棉材質,通常一串有 10～15 條,不用時請整捆收藏好,勿以散開的形態存放,這樣綿繩容易打結。

材　料　篇

沙拉油

又稱為黃豆油、大豆油,為植物性油脂,是從黃豆中所提煉的油,顏色微透明淡黃色,沒有特殊的香味,融點低。由於價錢便宜,購買容易,是目前最普遍的油脂,適合用來煎、炸、蒸方式。

無鹽奶油

又稱牛油,是由牛奶提煉而成,具有濃郁的奶香,經常用來製作糕點或麵包,除了可增加金黃色澤外,也能增進麵糰延展性及柔軟度,市面上奶油包含有鹽、無鹽兩種,本書所使用的奶油皆為無鹽成分。

細砂糖

又稱為白砂糖、白糖、砂糖、是製作中式點心點使用最廣泛的食用糖,也具有焦化作用,增加產品的脆硬度等特性。

Tools and Materials —— 器具與材料

黑糖

是甘蔗製糖製程上第一道產品，顏色較深，呈粉狀且有較多礦物質，含豐富營養價值，適合製作黑糖糕、黑糖水。

速溶酵母

由新鮮酵母經過低溫乾燥而成，並製成粉狀，發酵活力介於新鮮酵母與乾酵母之間，它的用量是新鮮酵母的 1/3。

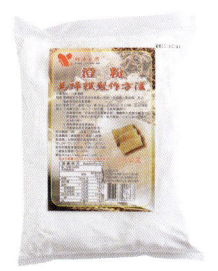

澄粉

是一種不含麵筋的麵粉，黏度與透明度比較高，主要是用來製作中式糕餅的粉皮，例如：鹹水餃、翡翠白玉粿，讓外皮看起來晶瑩剔透。

紫菜根粉

新鮮甜菜根染色效果強，但是往往容易將雙手與砧板染紅，所以才有其乾粉產物，與米漿糊或米漿糰混合後，經過加熱會染成暗紅色澤，書中即用甜菜根粉取代紅龜粿的紅色素。

南瓜粉

有淡淡香甜的南瓜香氣，適量使用能讓糕點產生淺黃色澤，適合使用在水分比較少的糕點上，例如：花朵米發糕、泰式三色糯米球等。

紫地瓜粉

取自紫色地瓜加工成粉狀，中式點心與甜點都適合使用，適當添加於米漿糊、米漿糰中，揉均勻後能顯現紫色效果的天然粉料，是非新鮮紫地瓜產季時的最佳替代粉。

食品級香蕉油

有許多水果香或植物體上的酯香，可以用來製作人工香料，添加於食品中調色或調味使用，通常為小罐販售，使用前先搖晃均勻，只要添加少許就可以了，最常拿來製作香蕉飴、節慶鳳片糕。

堅果

含單元不飽和脂肪酸和多元不飽和脂肪酸、各種維生素、纖維質等，營養豐富，適合用於糕點，可為產品帶來口感及風味，常見有核桃仁、松子仁、南瓜籽等。

I Love Rice Food

Part 1

新手入門
掌握訣竅

米到底有幾種與顏色呢？
它們各自特色及適合用來做什麼糕點與小吃？
別擔心！這裡將解答大家的疑惑，
並提供製作米食常見的 QA 問答集；
也準備多種書中會用到的豆沙餡食譜，
讓你吃得更安心更健康！

認識米的種類與特性

到米行或超市時，常看到許多米，有糙米、胚芽米、白米、蓬萊米等，甚至還有這些米研磨製成粉類，更方便大家製作糕粿，這時候你是否傻傻分不清楚它們的種類、風味與特性呢？

米的營養非常豐富

許多人總認為米食只是填飽肚子的主食而已，很少人會注意到它的營養成分，其實米的營養價值非常均衡且完整，包含：醣類、脂肪、蛋白質、礦物質、維生素 B 群、纖維質，其中醣類則是供給人體熱量的最大來源。米飯中含醣量約佔整體 75%，主要為澱粉、水量約佔 14.5%、蛋白質約佔 7%、脂肪含量非常少約佔 1%，而且主要是存在胚芽及皮質部。礦物質中以磷含量較多，另外富含維生素 B1 及 B2，大部分存在胚芽中。

吃米好處多多

米能提供人體許多的能量，優質蛋白質可以讓血管維持彈性，並達到降血壓的功能；膳食纖維是預防便祕的重要元素，而維生素可以抗老化、預防疲勞等。

稻米家族

秈稻

種植於熱帶和亞熱帶地區，生長期短，一年可以多次成熟，約有 20% 左右為直鏈澱粉，屬於中黏性，去殼成為秈米後，外觀細長、粒形扁平、透明度低。煮熟後米飯較乾、鬆。通常用於蘿蔔糕、炒飯，為東南亞主要食用米。

粳稻

種植於溫帶和寒帶地區，生長期較長，通常一年只能成熟一次，粳稻的直鏈澱粉低於 15%。去殼成為粳米後，外觀圓短、透明度高，其特性介於糯米與秈米之間，為台灣及日本主要食用米。

糯稻

又分為粳糯（圓糯）、秈糯（長糯）支鏈澱粉，含量接近 100%，米的黏性最高，圓糯外觀圓短，長糯比較細長，顏色皆為白色不透明。煮熟後米飯比較軟、黏。圓糯經常用來製作甜年糕、湯圓、米糕、紅龜粿等產品，長糯則用來製作油飯、八寶粥、粽子等。

米粒種類

圓糯米

米粒偏圓、白色不透明、吸水性佳，煮起來比較黏糊，口感比較軟，適合製作湯圓、麻糬、芝麻球、紅龜粿、鹼粽、米窩窩頭等。

長糯米

有類似在來米的清香味及較淡甜味，米粒較長、白色不透明，適合製作粽子、油飯等以長糯米為主的產品，也適合煮鹹食。與圓糯米比較，口感稍微硬一些。

在來米

需要長期日照，米的特性為鬆散、較硬、不黏、無光澤，米粒長但黏性差，蛋白質含量低，澱粉含量高。常用來製作發糕、蘿蔔糕、米苔目、碗粿、日式米串燒等。

黑糯米

又稱為紫米、黑米，富含多種維生素、礦物質、鐵質，是低糖高纖、營養價值高的米，也是老人、產婦、骨折、貧血者的最佳補品。適合製作甜米糕，與白米混合的紫米飯糰，或是與白糯米混合包成粽子。

蓬萊米

平時可做為白米飯使用，較黏、富彈性且具光澤，有些品種有香味。黏性介於糯米、在來米之間，比較適合煮飯及熬粥，較少用來做點心。

胚芽米

指稻子脫殼後去除米糠且還保有胚芽的米，雖然胚芽的重量僅佔整粒米的3%，卻保有一粒米50%的營養素，因此比白米更營養，且沒有糙米的粗糙感。但是，因為胚芽露於外，所以保存方法要特別留心，建議放入冰箱冷藏。

白米

白米在加工過程中經過精磨，去除米外層、胚芽後成為白米，白米的營養價值低於糙米、胚芽米等，但是，以口感和香味來看，皆勝於其他米種。經常用來製作炒飯、煮粥等。

香米

米粒外觀透明度佳、晶瑩剔透、米軟，深受國人好評，煮飯時會散發出陣陣的芋頭香氣，適合製作炒飯。

米粒種類

十穀米

由糙米、黑糯米、小米、燕麥、蕎麥、扁豆、蓮子、薏仁等食材所組合，並非剛好有十種穀類包裝而成，而只是意謂內容物豐富、營養價值高的米種，適合製作穀類麵包、雜糧麵包等。

米香

由米煮熟後風乾，再用200℃高溫油炸使風乾白米膨脹，或使用真空壓力鍋加熱使其膨脹，待白米乾膨脹後，即為米香原料。通常會再拌入糖漿，藉由糖漿的溫度待冷卻後成形。

米粉種類

在來米粉

為在來米加工研磨後製成粉狀，是所有米粉中使用最廣，其製成產品口感比較偏硬，適合用來製作蘿蔔糕、碗粿等。

蓬萊米粉

使用蓬萊米所製成的粉，其製成產品口感比較偏軟，也常用來配粉調整，或是改善產品的軟硬度，適合製作日式米串燒、米麵包、米蛋糕等。

糕仔粉

將在來米粉炒熟後磨成粉，吸水力極強，顏色稍微暗沉，最常用於製作冰皮月餅，及調整內餡、外皮的柔軟度。

糯米粉

又稱為元宵粉，使用糯米所製成的糯米粉多數為生粉，口感是米製品中最富彈性，經常拿來製作麻糬、湯圓、芝麻球、驢打滾等。

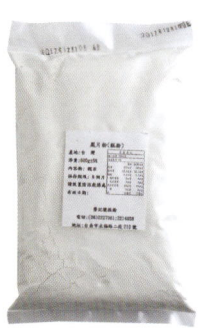

鳳片粉

又稱為熟糯米粉，它是長糯米加熱至熟再磨成粉，外觀為米白色粉狀。吸水性較強、黏度高。鳳片粉常被與糕仔粉混為一談，其實是不同的米所製成，購買時請多留意內容物。

阿嬤時代最流行的 100 道米食點心　　　　　　　　　　　　　　　　　　　　Part 1

製作米食的成敗問答集

到底有哪些訣竅是製作米食糕粿與小吃成敗的關鍵呢？
只要詳讀這個單元的問題與解答，很快你也能成為米食點心高手喔！

1 為什麼要在糕粿外表抹油？

大部分糕粿是以米粉加水調製而成米漿糊或米漿糰，所以外表都會很黏。在蒸的過程中，糕粿會稍微脹大，彼此容易黏在一起，所以抹少許油於糕粿表面時，可以減少黏住的情況。

2 糕模抹油的原因？

如果糕模不抹油，則糕漿材料在蒸製的過程呈糊化狀，蒸完後會黏在糕模上，導致不容易取下來。

3 粉漿糰龜裂時，應該如何處理？

在製作粉漿糰時，有時候因為操作時間太久而風乾，導致流失水分而造成外皮龜裂，這時候只需要在表面抹上一些水，讓表面產生微濕狀即可解決此不佳情況。

4 蒸米食點心的計時標準？

在蒸大部分米製點心時，一定要先將底鍋水煮滾，再將放置糕粿的上鍋架上去。而且計算時間的方法，不論用大火、中火或是小火蒸，都是以水蒸氣產出時，將產品架上去為計時標準。

5 油炸糕點的成敗重點？

依產品特性決定油炸的溫度，譬如米乾炸成米香需要極高溫約200℃，才能使米乾膨脹成形。但是，芝麻球需要用兩種溫度炸成形，但不管油炸的油溫為何，油炸時皆需要保持炸油的乾淨無雜質，以及起鍋前需要用高溫將產品含油逼出為佳。

6 製作米漿糰產品的重點？

各種米漿類的水分含量不太一樣，有些含水量少則呈現糰狀；有些含水量多則呈現漿狀。不管在拌成糰或是漿糊狀，都必須充分拌勻，不能有生粉糰夾帶而影響糕粿成敗。

23

7

米粉類糕點的填模重點？

混合完成的米粉在填模前皆需要過篩，過篩次數越多，則品質越細緻。有些產品需要鬆散而不能緊壓，例如：紅豆鬆糕；有些產品需要緊壓，例如：梅香糕、咖啡糕等，主要依產品特性而決定鬆緊度。

8

蒸製米粉類糕點時，蓋白紙的原因？

目前市面上販售的蒸籠大部分為白鐵或是鋁製，非木製蒸籠在蒸製時很容易將水氣滴到糕點表面，尤其是以米粉類製成的糕點表面。如果有水滴，則會影響到成品成敗及外觀完整度，所以在蒸米粉類產品時，最好能蓋上一張白紙，讓白紙吸收水氣，以防止直接滴到成品。但是，需要吸足水分的薄狀糕點（例如：芝麻糕），就不需要蓋白紙。

9

模具大小會影響蒸烤時間？

所有需要熟製加熱的產品，會隨著模具越大則所裝的容量越多，並且需要蒸或烘烤的時間就越長；反之，若模具較小，裝盛的容量就越少，則蒸或烘烤的時間就縮短。

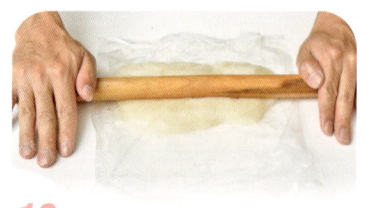

10

擀漿糰的注意事項？

漿糰大部分是以米粉加水調成，並加熱熟製，所以外表都會非常黏。為了防止沾黏與整形效果，建議將漿糰放入倒少許沙拉油的塑膠袋，再用擀麵棍平及整成需要的形狀與尺寸。

11

洗米的重點？

洗米動作主要是洗去米表面的碎米及雜質，並且可以去除生米所含的不佳風味。在洗淨時，可以使用流動中的水，或是將米置於容器，並倒入適量水再洗淨，使用雙手輕輕搓揉後再倒出洗米水，並且重新倒入乾淨的水，洗米動作重複5次，就可以將洗米水瀝乾後再進行蒸製。

12 選購米與保存方法？

在選購時，以米粒完整，表面無破損，聞起來沒有異味為佳。每次購買不建議一次買太多量，以小包裝形式的米最理想，每次食用完後再購買；在購買時，應該留意保存期限。開封後的白米需要用保鮮盒盛裝，並置於冰箱低溫冷藏保存；如果不放置冰箱內，也需要用保鮮盒裝置，存放在陰暗、乾燥、低溫的地方。一般米在冰箱中儲存，大約可以存放3個月；而在室溫儲存保存期限，夏季大約1個月、冬季為兩個月。

13 煮米漿糊的重點？

在加熱米漿糊初期時，需要攪拌到無生粉狀；在快要完成時，則需要用小火，並且不停攪拌直到加熱糊化到產品所需要的狀況為止，如果沒有邊煮邊攪拌，則不容易糊化且底部容易焦黑。

14 為什麼米漿糰要收圓？

漿糰在分割成小塊時，經過收圓或滾圓動作，除了有利於塑型外，收圓時於漿糰表面會形成一層薄膜，有了這層薄膜，則漿糰水分比較不容易流失，表面也會更光滑。

15 選購粉類與保存重點？

選購粉類時，要避免有受潮結塊現象，也要避免放置在陽光照射下，並注意有無異物、小蟲等注意事項。在保存方面，需要以塑膠袋或是密封袋包裝，並放置在陰暗通風處，一般已經開封的粉類，最好在 7～10 天使用完畢為宜。

16 為什麼粉類要過篩？

大部分粉類放一段時間，非常容易因為受潮而結成顆粒狀，所以，在使用前皆需要過篩以改善，當然過篩次數越多，則做出來的成品質地會越細緻。

17

18

19

烘烤糕點的重點？

同一份烤盤所放的麵糰或糕體重量必須一致，這樣烘烤的時間才能一致。如果大小、重量都不一樣，則在烘烤的時間及溫度依然相同時，將會造成該批產品有些沒烤熟、有些已烤焦等現象。每個烤箱性能會有些不同，所以烘烤時間也會有些差異，除了依照書中所建議的溫度及時間烘焙外，還必須在烤箱旁觀察，以確保沒有加熱過頭，而在烘烤過程勿隨意打開烤箱門，能避免熱度下降太快。

蒸籠的清潔與收藏重點？

市售蒸籠分為木製、不銹鋼製及鋁製三種。木製蒸籠吸水性強、不易滴水，但重量較重也容易燒焦，在洗淨後必須晾乾或風乾，能防止發霉；不銹鋼製及鋁製蒸籠，清洗後只需要擦乾水分就可以收藏但在蒸的過程中容易滴水於產品表面上。收藏這三種蒸籠時，可用大型袋子包覆，並放於沒有太陽照射的地方。

吃不完的糕粿要如何保存？

各種米製品保存方式不太一樣，以肉粽、筒仔米糕等米粒類產品，在吃不完時可以放置在冰箱冷藏或冷凍，等需要食用時，再取出回蒸復熱即可。漿糰類的米製品，例如：蘿蔔糕、芋頭糕等，建議用保鮮盒盛裝，並放置於冰箱，採低溫冷藏保存方式，待需要食用時，再取出回蒸或煎炸復熱食用。米粉類產品，例如：梅香糕、雪片糕等，需要用保鮮盒裝盛，並放在陰暗通風處為宜，由於米粉類糕點水分含量較少，所以適合室溫或冷藏保存。

20

餡料必須放涼才能使用？

剛炒好或蒸好的餡料，其溫度非常高，如果沒有等冷卻就包裹，則容易讓餡的熱氣悶在粉漿糰中，進而造成產品容易酸壞，所以一定要讓餡料充分冷卻才能包裹。

阿嬤時代最流行的100道米食點心　　　　　　　　　　　　　　　　　Part 1

親手製作好用又安心的豆沙餡

你曾想過親手做豆沙餡嗎？這裡將提供多款米食糕粿會用到的豆沙餡配方及做法給大家參考，然後再靈活運用到書中食譜品項，讓你與全家人吃得更安心！

基本白豆沙餡

份量 1000 g

材料 白鳳豆 2000g、細砂糖 500g

1 白鳳豆洗淨後放入湯鍋，倒入滾水（蓋過白鳳豆）。

2 以大火煮至白鳳豆軟後關火，撈起白鳳豆泡入冷水中。

3 剝除外皮。

4 將白鳳豆倒回湯鍋，以大火煮至軟爛。

5 趁溫溫狀態倒入果汁機。

6 攪打成泥。

7 取乾淨的豆漿布鋪於鋼盆，倒入生白豆沙。

8 將四周豆漿布拉起後向中間靠攏，轉緊後，擰乾水分即為基本生白豆沙（約為1000g）。

9 基本生白豆沙倒入平底鍋，以小火加熱後，加入500g細砂糖。

10 拌炒至糖融化且不黏手即為基本白豆沙餡。

27

白豆沙餡

份量 **1300** g

材料　基本白豆沙餡 1000g（P.27）、冷水 100g
　　　細砂糖 100g、鹽 2g、麥芽糖 100g

1　基本白豆沙餡、冷水、細砂糖與鹽放入平底鍋中。

2　以小火拌炒至糖融化。

3　加入麥芽糖。

4　混合拌勻。

5　再拌炒至不黏手即可關火。

6　將白豆沙餡盛入鐵盤上，抹平後待冷卻即可做為糕粿內餡。

基本紅豆沙餡

份量 **1000** g

材料　紅豆（小顆）2000g、細砂糖500g

1 紅豆洗淨後放入湯鍋，倒入滾水（蓋過紅豆），以大火煮至紅豆軟，關火。

2 蓋上鍋蓋，燜20分鐘至軟爛。

3 趁溫溫狀態倒入果汁機。

4 攪打成泥。

5 透過比較粗的篩網濾除紅豆皮，留下生紅豆沙。

6 取乾淨的豆漿布鋪於鋼盆上，將生豆沙倒入鋼盆中。

7 將四周豆漿布拉起後向中間靠攏，轉緊後，擰乾水分即為基本生紅豆沙（大約為1000g）。

8 基本生紅豆沙倒入平底鍋，以小火加熱後，加入500g細砂糖。

9 拌炒至糖融化且不黏手即為基本紅豆沙餡。

紅豆沙餡

份量 **1300** g

材料　基本紅豆沙餡 1000g（P.29）、冷水 100g
　　　細砂糖 100g、鹽 2g、麥芽糖 100g

1　基本紅豆沙餡、冷水、細砂糖、鹽放入平底鍋，以小火拌炒至糖融化。

2　加入麥芽糖。

3　拌炒至不黏手即可關火。

4　紅豆沙餡盛入鐵盤上，抹平後待冷卻即可做為糕粿內餡。

甜餡保存方法

所有包入糕粿的豆沙餡，一定要先將生豆沙餡製成基本豆沙餡，其餡料才耐放且不容易壞。自製的甜餡因為沒有添加防腐成分，所以建議炒製完成後放涼，等待完全冷卻，再裝入夾鏈袋或塑膠袋，建議冷藏不超過 7 天、冷凍 30 天為佳，要使用前再取出退冰並揉勻即可。

阿嬤時代最流行的 100 道米食點心　　　　　　　　　　　　　　　Part

紅豆粒餡

份量　**1800** g

材料　紅豆（大顆）500g、基本紅豆沙餡 1000g（P.29）
　　　冷水 100g、細砂糖 100g、鹽 2g、麥芽糖 100g

1
紅豆泡入冷水（份量外）約 12 小時至軟後，撈起，瀝乾水分。

2
放入鍋中，倒入冷水（份量外，蓋過紅豆）。

3
放入電鍋蒸軟（紅豆未爆開狀態）後取出，瀝除水分，並攤於鐵盤散熱。

4
將基本紅豆沙餡、冷水、細砂糖、鹽放入平底鍋中，以小火拌炒均勻。

5
再繼續至拌炒糖融化。

6
加入麥芽糖、蒸好的紅豆，拌炒至濃稠狀即可關火。

7
紅豆粒餡盛入鐵盤，抹平後，待冷卻即可做為糕粿內餡。

棗泥餡

份量 **1200** g

材料　乾黑棗 500g、基本紅豆沙餡 500g（P.29）、鹽 2g、細砂糖 100g、麥芽糖 100g

1
乾黑棗泡水，待軟後去籽。

2
放入鍋中，倒入冷水（份量外，蓋過乾黑棗），放入電鍋蒸爛後取出。

3
趁溫溫狀態倒入果汁機。

4
攪打成泥。

5
倒入的粗篩網濾除棗泥渣。

6
用橡皮刮刀慢慢壓出綿密的棗泥。

7
棗泥、基本紅豆沙餡、鹽與細砂糖放入平底鍋。

8
以小火拌炒至糖融化。

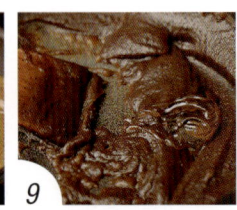
9
加入麥芽糖，拌炒至不黏手即可關火。

10
棗泥餡盛入鐵盤，抹平後，待冷卻即可做為糕粿內餡。

零失敗 Tips　純棗泥本身味道太重，所以添加紅豆沙餡來提升口味上的柔順度。

阿嬤時代最流行的100道米食點心　　　　　　　　　　　　　　　　Part 1

基本綠豆沙餡

份量　**1000** g

材料　綠豆仁（去皮）2000g、細砂糖 500g

1
綠豆仁洗淨後放入湯鍋，倒入滾水（蓋過綠豆仁）。

2
用大火煮至綠豆仁軟爛後關火。

3
趁溫溫狀態倒入果汁機。

4
攪打成泥。

5
取乾淨的豆漿布鋪於鋼盆中，將生綠豆沙倒入鋼盆。

6
將四周豆漿布拉起後向中間靠攏，轉緊後，擰乾水分即為基本生綠豆沙（大約為1000g）。

7
基本生綠豆沙倒入平底鍋，以小火加熱後，再加入500g 細砂糖。

8
以小火拌炒均勻。

9
拌炒至糖融化且不黏手即為基本綠豆沙餡。

33

綠豆沙餡

份量 **1800** g

材料　基本綠豆沙餡 1000g（P.33）
　　　基本白豆沙餡 500g（P.27）、冷水 100g
　　　細砂糖 100g、鹽 2g、麥芽糖 100g

1　將基本綠豆沙、基本白豆沙餡、冷水、細砂糖與鹽放入平底鍋中。

2　以小火拌炒至糖融化。

3　再加入麥芽糖。

4　拌炒至不黏手即可關火。

5　綠豆沙餡盛入鐵盤，抹平後，待冷卻即可做為糕粿內餡。

零失敗 Tips

綠豆沙餡因為本身膠質較少，所以需要添加白豆沙餡增加其膠質，較容易定型，以方便後續包餡動作。

阿嬤時代最流行的 100 道米食點心　　　　　　　　　　　　　　　　　　　　　Part 1

蓮蓉餡

份量　**400** g

材料　乾蓮子 200g、水 50g、基本白豆沙餡 100g（P.27）
　　　細砂糖 50g、無鹽奶油 30g

1
乾蓮子洗淨後，另外加入水量蓋過蓮子。

2
放入蒸籠，以大火蒸 40 分鐘至蓮子軟。

3
將蒸好的蓮子瀝除水分，並去除蓮子芯，只留蓮子肉備用。

4
放入食物調理機。

5
倒入 50g 的水攪打成泥。

6
取乾淨的布鋪於鋼盆，倒入蓮子泥。

7
將四周布拉起來後向中間靠攏，轉緊後，擰乾水分即為蓮子泥備用。

8
平底鍋加入蓮子泥、基本白豆沙餡、細砂糖與融化的無鹽奶油。

9
以小火加熱至所有的材料融化。

10
繼續加熱，拌炒至濃稠不黏手。

11
盛起後鋪於鐵盤，抹平後，待冷卻即可做為糕粿內餡。

零失敗 *Tips*　●綠色的蓮芯一定要去除，不然製作完成的成品會有苦味。

35

I Love Rice Food

Part 2 粒粒好滿足 米粒類

以完整米粒為主要原料，適合蒸煮或拌炒成粥、米飯，
完成後的成品仍然可以看到米粒的樣子，
例如：珍珠丸子、油飯、筒仔米糕、台式肉粽、豆沙粽、港式荷葉雞飯、
雲南糯米粑粑、糯米腸、廣東粥等。
它們除了適合當點心之外，也非常適合做為正餐食用喔！

米粒類

筒仔米糕

I Love Rice Food

份量	火候
6個	大火

時間

蒸
8 分鐘 → 10 分鐘

最佳賞味期

室溫半天
冷藏 2 天

材料

A 米餡　長糯米 300g、滷蛋 2 個、沙拉油 30g、紅蔥頭 20g（切碎）
　　　　　乾香菇 20g（泡軟切絲）、豬絞肉 60g、乾蝦米 20g、香菜 10g

B 調味料　醬油 25g、香麻油 10g、鹽 3g、細砂糖 3g、白胡椒粉 3g
　　　　　　五香粉 1g、水 100g

C 沾醬　醬油膏 30g

阿嬤時代最流行的100道米食點心　　　　　　　　　　　　　　　　　　　　Part 2

1 長糯米洗淨後泡水3小時，瀝乾水分；滷蛋切6等份片狀，備用。

2 熱鍋，倒入沙拉油，放入紅蔥頭碎、香菇絲、豬絞肉、乾蝦米，以小火炒香。

3 接著倒入調味料，拌炒均勻，再盛出餡料備用。

4 只留下調味料汁於鍋中，再倒入做法1的長糯米。

5 開小火，讓調味料汁附著在長糯米，拌炒均勻且上色。

6 待收汁後，盛入鋪著蒸籠布的蒸籠，以大火蒸8分鐘至熟。

7 取筒仔米糕鋁模（或不銹鋼杯模），並於內側塗上一層沙拉油。

8 先於底層放入1/6個滷蛋。

9 放入炒過的餡料。

10 接著再鋪上已蒸熟的糯米飯，並稍微壓緊實及抹平。

11 放入蒸籠，以大火蒸10分鐘即可取出，用湯匙或抹刀在杯模邊緣劃一圈，再倒扣於碗中。

12 最後淋上醬油膏，放上香菜即可。

零失敗 Tips

- 米糕冷藏後，食用前需要用電鍋或蒸籠蒸熱。
- 內餡的豬絞肉可以換成豬肉絲。
- 如果長糯米泡的時間太短，在後續蒸製時，容易產生米心不易熟透狀況。
- 筒仔米糕有兩種做法：一種是炒過後先蒸熟再入模成形；另一種是炒過後入模直接蒸熟。前者米粒比較分明，後者的米粒會呈現較軟爛，你可依個人喜好決定方式。

米粒類

油飯

| 份量 | 5人份 | 火候 | 大火 | 時間 | 蒸12分鐘 | 最佳賞味期 | 室溫半天 / 冷藏3天 / 冷凍7天 |

阿嬤時代最流行的100道米食點心　　　　　　　　　　　　　　　　　　　　　　Part 2

材料	A 米料	長糯米 300g、水 1 大匙、蝦米 20g、乾香菇 20g、沙拉油 20g、黑麻油 10g 薑（切末）10g、紅蔥頭（切末）20g、豬五花肉（切絲）60g 泡發乾魷魚（切絲）40g、香菜 10g
	B 調味料	醬油 15g、鹽 3g、細砂糖 3g、白胡椒粉 5g、五香粉 2g、水 100g

1 長糯米洗淨後泡水2小時，完全瀝乾但保留少許水分。

2 將米鋪入有蒸籠布的蒸籠中。

3 以大火蒸12分鐘至米心熟，取出後，均勻加水，翻鬆即為糯米飯。

4 乾香菇泡水至軟，瀝乾後切絲；蝦米泡水至軟後瀝乾，備用。

5 沙拉油及黑麻油倒入平底鍋，放入薑末、紅蔥頭末、蝦米、香菇絲、豬五花肉絲、乾魷魚絲，以小火炒香。

6 接著再倒入調味料，炒勻。

7 接著加入糯米飯，拌炒至顏色均勻上色，關火。

8 將油飯盛入碗中，放上香菜即可。

零失敗 Tips

- 油飯冰過後，食用前需要用電鍋或蒸籠蒸熱。
- 長糯米浸泡的時間較短，則後續蒸製時，容易產生米心不易熟透的現象。
- 北部油飯習慣用長糯米，而南部油飯則選擇圓糯米，不管用哪一種糯米皆可，請依個人喜好決定即可。

米粒類

港式荷葉雞飯

I Love Rice Food

份量 5 個
火候 大火

時間
煮 25 分鐘
↓
蒸 30 分鐘

最佳賞味期
室溫半天
冷藏 2 天
冷凍 21 天

材料

A 米料 蝦米 20g、長糯米 300g、沙拉油 30g、紅蔥頭（切末）20g
醬油 15g、鹽 3g、細砂糖 3g、白胡椒粉 5g、五香粉 2g、水 100g

B 餡料 醬油 40g、鹽 5g、細砂糖 15g、水 200g、新鮮香菇 6 朵
去骨雞腿 2 支、叉燒肉（市售）100g、栗子 5 個、生鴨蛋黃 5 個

C 其他 荷葉 5 片、粽繩 5 條

阿嬤時代最流行的100道米食點心　　　　　　　　　　　　Part 2

1. 蝦米泡水至軟後瀝乾；長糯米洗淨後泡水2小時，完全瀝乾，備用。

2. 荷葉放入熱水泡軟，撈起後瀝乾，備用。

3. 沙拉油倒入平底鍋，加熱，放入紅蔥頭末、蝦米，以小火炒香。

4. 倒入醬油、鹽、細砂糖、白胡椒粉、五香粉與水，拌炒均勻。

5. 加入長糯米，炒至顏色均勻上色，盛起即為米料，平均分成5份。

6. 將餡料的調味料醬油、鹽、細砂糖、水放入鍋中，放入新鮮香菇、去骨雞腿，開大火煮滾。

7. 轉小火續煮20分鐘至上色且入味，盛起即為內餡，平均分成5份。

8. 取1片荷葉鋪平，用剪刀將外圍不齊的葉片修圓。

9. 依序鋪上1/2份米量、1份內餡，再鋪上適量叉燒肉、栗子、生鴨蛋黃。

10. 接著鋪上1/2份米量，稍微壓平。

11. 左右荷葉對折。

12. 將四周荷葉拉起來。

13.  接著慢慢折成枕頭狀。

14. 調整好。

15. 用粽繩繞起後包緊，再依序完成其他粽子。

16. 將粽子放入滾水，以大火煮約25分鐘。

17. 撈起後瀝乾，再放入蒸籠，以大火蒸30分鐘至熟。

零失敗 Tips

- 荷葉雞飯冰過後，食用前需要用電鍋或蒸籠蒸熱。
- 荷葉雞內餡會包臘腸，就依個人喜好挑選。
- 荷葉表面容易有破損，在包之前務必確實檢查，以確保米飯不外露。

43

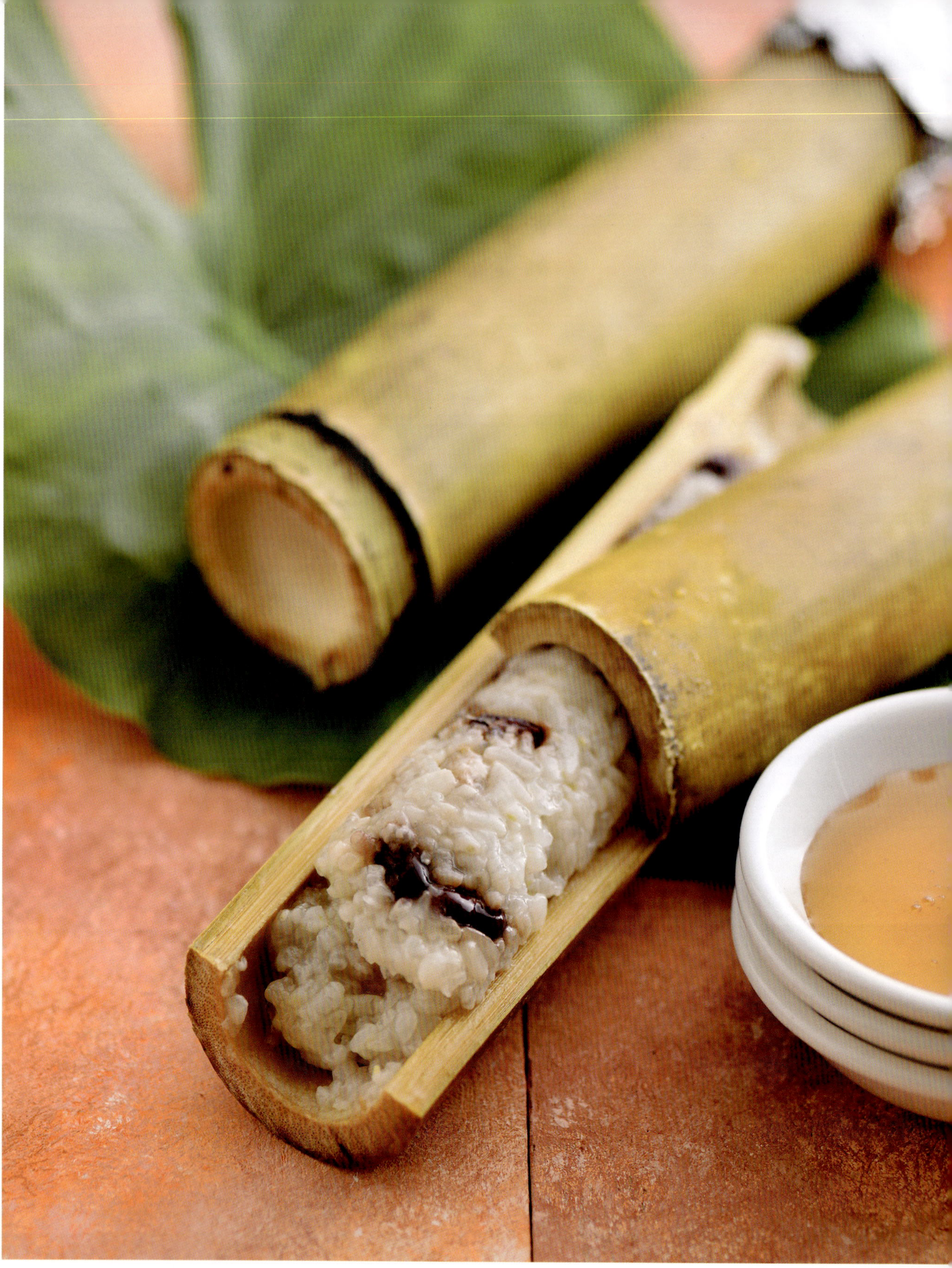

阿嬤時代最流行的 100 道米食點心　　　　　　　　　　　　　　　　　　　　　　　Part 2

I Love Rice Food

米粒類
竹筒飯

份量　**3** 份
火候　**中火 → 160°C**
時間　**煮 40** 分鐘 → **烤 20** 分鐘
最佳賞味期　**室溫半天 / 冷藏 2 天 / 冷凍 21 天**

材料

A	米餡	圓糯米 250g、紅豆 30g、去皮花生 25g
B	沾醬	蜂蜜 30g
C	其他	桂竹 3 節、鋁箔紙適量、粽繩 3 條

1 圓糯米、紅豆、花豆洗淨，一起泡水 2 小時後濾乾水分。

2 將做法 1 的米餡填入桂竹洞中，填至八分滿。

3 用鋁箔紙完整覆蓋並且封好後，用粽繩綁緊。

4 再放入滾水中，用中火煮 40 分鐘。

5 撈起後排入烤盤，放入以 160°C 預熱好的烤箱中，烤 20 分鐘至竹筒偏乾，取出後放涼，剖開直接食用或沾蜂蜜一起食用。

零失敗 Tips

- 竹筒飯冷藏後，食用前需要用電鍋或蒸籠蒸熱。
- 竹筒飯口味有鹹有甜（沾蜂蜜），可以在米餡中加入鹹豬肉丁或雞肉丁，增加風味。
- 傳統是用香蕉葉封住桂竹開口，如果取得不易，則能用鋁箔紙代替。
- 常用孟宗竹或桂竹裝盛，因為桂竹在烤完後會呈現一層薄膜，所以選擇桂竹最佳。
- 傳統竹筒飯分成水煮及火烤方式，如果用火烤桂竹，則必須先泡水 9 小時以上，以防燒焦狀況發生。因為要符合家庭設備需求，所以先水煮再用烤箱烘烤方式，是容易又安全且保留香味的好方法。
- 各國做法皆有差異，馬來西亞、印尼等東南亞地區，則用糯米及椰漿來製作。

I Love Rice Food

米粒類
台式肉粽

| 份量 | 5個 | 火候 | 大火 →
大火 | 時間 | 煮 15 分鐘 →
蒸 30 分鐘 | 最佳賞味期 | 室溫半天
冷藏 2 天
冷凍 21 天 |

阿嬤時代最流行的100道米食點心　　　　　　　　　　　　　　　　　　Part 2

材料	A	米料	蝦米 20g、長糯米 300g、沙拉油 30g、紅蔥頭（切末）20g、醬油 15g、鹽 3g、細砂糖 3g、白胡椒粉 5g、五香粉 2g、水 100g
	B	餡料	滷包 1 包、醬油 40g、鹽 5g、細砂糖 15g、水 200g、新鮮香菇 5 朵、去皮花生 30g、去皮豬五花肉（切塊）150g、栗子 5 個、生鴨蛋黃 5 個
	C	其他	粽葉 10 片、粽繩 5 條

1 蝦米泡水至軟後瀝乾；長糯米洗淨後泡水 2 小時，完全瀝乾，備用。

2 粽葉放入熱水泡軟，撈起後瀝乾，備用。

3 沙拉油倒入平底鍋，加熱，放入紅蔥頭末、蝦米，以小火炒香。

4 倒入醬油、鹽、細砂糖、白胡椒粉、五香粉、水，拌炒均勻。

5 加入長糯米，炒至顏色均勻上色即為米料，分成 10 份。

6 將餡料的滷包、醬油、鹽、細砂糖、水放入鍋中，放入新鮮香菇、花生、去皮豬五花肉，開大火煮滾。

7 轉小火，續煮 15 分鐘至上色且入味。

8 盛起後與糯米飯拌勻即為內餡，平均分成 10 份。

9 取兩片粽葉平行交錯放。

10 接著將粽葉往內折成錐形。

11 先填入 1/2 份的米量。

12 接著鋪上 1 份內餡，放上栗子、生鴨蛋黃。

13	14
再鋪上 1/2 份的米量後，稍微壓平。	將粽葉往下折，並蓋住米餡。

15	16
左右兩側的粽葉向下壓緊。	翻轉後，將粽葉折起來成三角錐體。

17	18	19
翻轉後，將粽葉折起來成三角錐體。	將粽子放入滾水中，以大火煮15分鐘。	撈起後瀝乾，再放入蒸籠中，以大火蒸30分鐘至熟即可。

零失敗 Tips

- 肉粽放入冰箱冰過後，食用前需要用電鍋或蒸籠蒸熱。
- 如果肉粽只用煮的，會比較軟爛；但若只用蒸的方式，則不容易熟，所以我選擇先煮後蒸，可以省時又能顧到口感。
- 南北粽有一些不同之處，北部粽外包裝常用棕黃色桂竹葉，糯米會搭配醬料炒至半熟，再與全熟的配料一起包裹，徹底蒸熟，典型內餡是豬肉、豆乾、竹筍、滷蛋、香菇、蝦米等。
- 南部粽外包裝則多使用麻竹葉，氣味比較芳香，將純白糯米泡水後，就包裹全熟的配料，之後用水煮熟，米粒偏軟爛，典型餡料包含瘦肉、三層肉、香菇、蛋黃、紅蔥頭，口味比較清淡。

米粒類　I Love **Rice** Food

豆沙粽

| 份量 | 4個 | 火候 | 大火 →
大火 | 時間 | **煮** 15 分鐘 →
蒸 30 分鐘 | 最佳賞味期 | 室溫半天
冷藏 2 天
冷凍 21 天 |

A	米料	圓糯米 250g
B	內餡	紅豆沙餡 120g（P.30）、甜栗子 4 個
C	其他	粽葉 8 片、粽繩 4 條

材料

1 圓糯米洗淨後泡水 2 小時後，完全瀝乾，分成 4 份。

2 粽葉放入熱水泡軟，撈起後瀝乾，備用。

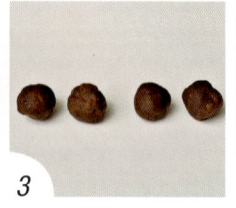

3 將紅豆沙餡分成 4 份。

4 每個紅豆沙餡稍微壓扁。

5 分別包入 1 個甜栗子。

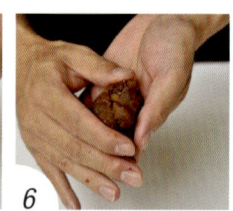

6 捏密合後，收圓備用。

7 取兩片粽葉平行交錯放好。

8 接著將粽葉往內折成錐形。

9 先填入 1/2 份的米量。

10 再鋪上 1 份甜栗子豆沙餡。

11 再鋪上 1/2 份的米量，稍微壓平。

12 將粽葉往下折，並蓋住米餡。

50

阿嬤時代最流行的 100 道米食點心　　　　　　　　　　　　　　　　　　　　Part 2

13 左右兩側的粽葉向下壓緊。

14 翻轉後，將粽葉折起來成三角錐體。

15 用粽繩繞好後綁緊。

16 並依序完成其他粽子。

17 將粽子放入滾水，以大火煮約 15 分鐘，撈起後瀝乾。

18 最後再放入蒸籠，以大火蒸 30 分鐘至熟即可。

零失敗 Tips

- 豆沙粽冰過後，食用前需要用電鍋或蒸籠蒸熱。
- 傳統只有包紅豆沙餡，我選擇添加甜栗子來增加口感。
- 豆沙粽是甜粽，除了紅豆沙餡外，也可以用棗泥餡、綠豆沙餡替換。

椰汁越南肉粽

米粒類

I Love Rice Food

份量 3 個

火候 大火

時間 蒸 40～50 分鐘

最佳賞味期
室溫半天
冷藏 2 天
冷凍 21 天

材料

A	米料	長糯米 300g、綠豆仁 30g、椰奶 30g、細砂糖 20g
B	醃料	醬油 5g、鹽 3g、細砂糖 3g、白胡椒粉 5g、五香粉 2g
C	餡料	豬五花肉 100g
D	其他	荷葉 3 片

阿嬤時代最流行的 100 道米食點心　　　　　　　　　　　　　　　　　　　　Part 2

1 長糯米、綠豆仁洗淨後泡水 2 小時，完全瀝乾，備用。

2 荷葉放入熱水泡軟，瀝乾，備用。

3 椰奶、細砂糖放入鍋中，以中火煮滾。

4 再放入瀝乾水分的長糯米與綠豆仁，拌炒至收汁，關火後分成 3 份。

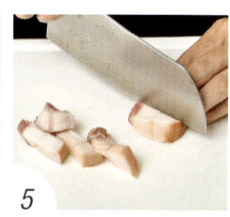

5 豬五花肉切長條狀。

6 放入調理盆，加入所有醃料，拌勻後醃製 30 分鐘待入味，再分成 3 份。

7 於孔洞方形模鋪上 1 片荷葉。

8 依序鋪上 1/2 份米量、1 份肉餡。

9 再鋪上 1/2 份的米量，稍微壓平。

10 將四周荷葉拉起來後向中心折好，將邊緣若有多出來的葉子剪掉。

11 讓荷葉完整覆蓋米餡。

12 接著蓋上比方形模稍微小一點的方盤（一定要壓緊）。

13 放入蒸籠，以大火蒸 40～50 分鐘至熟後取出，依序完成其他兩份包裹與蒸製即可。

零失敗 Tips

- 肉粽冰過後，食用前需要用電鍋或蒸籠蒸熱。
- 加入椰奶的米粽屬於甜味，風味也與一般肉粽不同。
- 傳統越南肉粽是用芭蕉葉包裹，若不容易取得，則可以選擇荷葉替換。

泰式鳳梨炒飯

米粒類

I Love Rice Food

份量	火候
2 人份	大火 ↓ 小火

時間

蒸 12 分鐘
↓
炒 8 分鐘

最佳賞味期

室溫半天
冷藏 3 天
冷凍 7 天

材料

A 米料：泰國香米 150g、蝦仁 25g、鳳梨 1/2 個（150g）、沙拉油 20g、洋蔥（切末）20g、蒜仁（切末）10g、雞蛋 2 個、青豆仁 15g、肉鬆 20g、香菜（切末）15g

B 調味料：鹽 3g、細砂糖 3g、白胡椒粉 5g、魚露 10g、咖哩粉 3g

阿嬤時代最流行的100道米食點心　　　　　　　　　　　　　　　　　　　　Part ─── 2

1 泰國米洗淨後泡水2小時，完全瀝乾但保留少許水分，再將米鋪入有蒸籠布的蒸籠，以大火蒸12分鐘至米心熟，取出後翻鬆。

2 蝦仁放入滾水汆燙至熟；鳳梨取出果肉並切片，並倒出10g鳳梨汁備用。

3 沙拉油倒入鍋中，熱鍋，放入洋蔥、蒜末，以小火炒香。

4 加入打散的蛋液。

5 用木劑拌炒均勻。

6 再加入米飯、青豆仁、蝦仁、鳳梨片拌炒均勻。

7 接著倒入鳳梨汁與調味料。

8 再拌炒至均勻上色。

9 最後盛入鳳梨容器，撒上肉鬆、香菜末即可。

零失敗 Tips

- 炒飯冰過後，食用前需要用電鍋或炒鍋加熱。
- 內餡材料除了蝦仁之外，也可以換成牛肉或豬肉。
- 魚露的味道偏重，添加份量請依個人喜好參考。

台式紫米飯糰

米粒類

I Love Rice Food

份量 5 份

火候 大火

時間 蒸 12 分鐘

最佳賞味期 室溫半天 冷藏 3 天

材料

| A | 米料 | 黑糯米 150g、長糯米 150g、沙拉油 20g |
| B | 內餡 | 雞蛋 5 個、蘿蔔乾 100g、肉鬆 100g、油條 2 條 |

阿嬤時代最流行的100道米食點心　　　　　　　　　　　　　　　　　　　Part 2

1 黑糯米與長糯米一起洗淨，泡水2小時，完全瀝乾但保留少許水分。

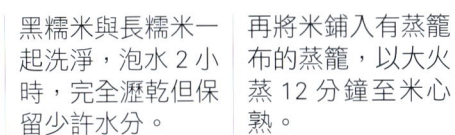

2 再將米鋪入有蒸籠布的蒸籠，以大火蒸12分鐘至米心熟。

3 取出後翻鬆，盛入調理盆，趁熱加入沙拉油拌勻即為黑糯米飯備用。

4 雞蛋打散，再倒入不沾平底鍋，以中小火煎成兩面呈金黃色的蛋皮，取出後切絲。

5 蘿蔔乾洗淨後，放入鍋中，以小火炒香。再將所有內餡分成5份備用。

6 取一條乾淨抹布，套上一層塑膠袋，攤平於桌面，先刷上少許沙拉油防沾黏。

7 依序鋪上1份黑糯米飯、1份餡料。

8 接著拉起抹布捲起來並壓緊。

9 壓至成圓柱狀，直接食用或切塊狀即可。

零失敗 Tips

- 飯糰冰過後，食用前需要用電鍋或蒸籠蒸熱。
- 內餡變化性非常高，包入櫻花蝦、雞腿、牛肉皆可。
- 全部用黑糯米製作，則黏性比較不足，而且質地比較硬，所以建議與白色長糯米一起混合。

57

Rice
I Love Rice Food

米粒類

明太子烤日式飯糰

份量 5 個
火候 160 ℃
時間 烤 5 分鐘 → 3 分鐘
最佳賞味期 室溫半天 / 冷藏 2 天

材料

- **A 米料**　蓬來米 150g、水 150g、三島香鬆 35g
- **B 醬汁**　醬油 15g、細砂糖 10g、味醂 10g
- **C 其他**　美乃滋 30g、明太子 20g

阿嬤時代最流行的 100 道米食點心　　　　　　　　　　　　　　　　　　　　　Part ── 2

1 蓬萊米洗淨後泡水 2 小時。

2 完全瀝乾水分後，加入水，放入電鍋，外鍋倒入 1 量米杯水，蒸熟至開關跳起來，取出後放涼；將三島香鬆與蒸熟的米飯拌勻。

3 取少許沙拉油塗在三角飯糰模內側。

4 將三島香鬆飯填入飯糰模。

5 蓋上上蓋，壓緊實後脫模。

6 排入烤盤中，放入以 160℃ 預熱好的烤箱。

7 烤約 5 分鐘至上色後取出。

8 醬汁所有材料放入鍋中，以小火煮到糖融化。

9 刷在飯糰表面，再放入烤箱，以 160℃ 烤約 3 分鐘至表面香氣產生，取出。

10 將美乃滋與明太子拌勻。

11 裝入塑膠袋中。

12 轉緊後尖端剪一個小洞，擠在飯糰表面即可。

零失敗 Tips

- 飯糰冰過後，食用前需要用平底鍋或烤箱加熱。
- 內餡可以換成各種三島香鬆口味。
- 喜歡鮭魚者，也可以將鮭魚鬆包入飯糰中間。

米粒類

照燒豬肉米漢堡

I Love Rice Food

份量	火候
4份	小火

時間
煎 5 分鐘

最佳賞味期
室溫半天
冷藏 2 天
冷凍 14 天

材料

A	米料	蓬萊米 150g、生黑芝麻 10g
B	餡料	豬五花肉片 200g、洋蔥（切絲）20g、美生菜（切片）30g、萵苣（切片）30g
C	醬汁	照燒醬 30g、水 20g
D	其他	沙拉油少許

60

阿嬤時代最流行的100道米食點心　　　　　　　　　　　　　　　　　　　　Part 2

1 蓬萊米洗淨後泡水2小時，完全瀝乾水分。

2 加入水，放入電鍋，外鍋倒入1量米杯水，蒸熟至開關跳起，取出後稍微放涼。

3 取少許沙拉油，刷於直徑8公分空心模內側。

4 將米飯稍微整圓後，再填入空心模。

5 記著壓緊實且平整，其中一面撒上生黑芝麻，稍微按壓使芝麻陷入米飯中。

6 鍋中倒入少許油加熱，將做法2的米飯連同空心模放入鍋中。

7 以小火煎約5分鐘，至兩面金黃即可取出。

8 醬汁材料倒入平底鍋，以小火稍微煮一下，加入洋蔥、豬五花肉片，拌炒至肉片熟後取出，備用。

9 米漢堡中間依序夾入美生菜、萵苣、炒熟的豬五花肉。

10 最後再蓋上另一片米漢堡即完成。

零失敗 Tips
- 米漢堡冰過後，食用前需要用電鍋或烤箱加熱；如果成品要冷凍保存，則生菜部分不宜先夾入。
- 夾餡可以換成牛肉或是炸蝦，也是非常受歡迎的口味。

米製可樂餅

米粒類

I Love Rice Food

份量	火候
5 個	180 ℃

時間
炸 7 分鐘

最佳賞味期
室溫半天
冷藏 1 天
冷凍 7 天

材料

A 米料　蓬來米 100g、水 80g、馬鈴薯 100g、無鹽奶油 15g
　　　　洋蔥（切末）30g、豬絞肉 50g、玉米粒 30g、鹽 3g、白胡椒粉 3g

B 沾粉　中筋麵粉 30g、雞蛋（打散）2 個、麵包粉 30g

C 沾醬　美乃滋 30g、番茄醬 10g、洋蔥（切末）10g、細砂糖 5g

阿嬤時代最流行的 100 道米食點心　　　　　　　　　　　　　　　　　　　　　Part ── 2

1. 蓬萊米洗淨後泡水 2 小時，完全瀝乾水分，加入 80g 水，放入電鍋，外鍋倒入 1 量米杯水，蒸熟至開關跳起來。

2. 米煮熟後取出，趁熱搗爛，放涼。

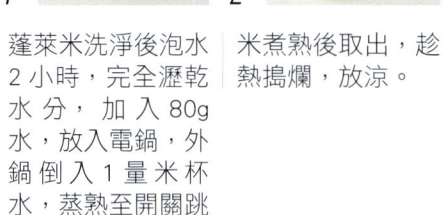

3. 馬鈴薯洗淨後連皮放入滾水，以中火煮至軟。

4. 撈起後去皮，再搗成泥。

5. 無鹽奶油放入平底鍋，以小火加熱，放入洋蔥末炒香，再放入豬絞肉，續炒至熟，關火後放涼。

6. 沾醬所有材料混合拌勻，備用。

7. 蓬萊米飯、馬鈴薯泥、熟豬絞肉與玉米粒全部放入調理盆中。

8. 加入鹽、白胡椒粉，拌勻即為米料。

9. 分成每份約 100g，搓圓後壓入直徑約 8 公分空心模，脫模後形成扁圓形。

10. 先沾裹一層中筋麵粉，接著再沾蛋液與麵包粉，依序將 5 個都裹好粉。

11. 另外準備一鍋熱油，以中火加熱至油溫 180℃，再將米可樂餅放入油鍋，炸約 7 分鐘至金黃色，撈起後瀝乾，盛盤，搭配沾醬一起食用。

零失敗 Tips
- 可樂餅炸好後請當天食用完畢，也可以裹好粉後放入冰箱冷凍，要食用前入油鍋炸熟且金黃即可。
- 沾醬可依個人喜好變化內容物，或是選擇不用沾醬。
- 可樂餅的絞肉大部分以牛或豬為主，主要是看喜好來決定。

米粒類

可愛一口壽司

| 份量 | **12** 個 | 火候 | **電鍋** | 外鍋水量 | **1** 量米杯 | 最佳賞味期 | **室溫半天** |

A	米料	壽司米 150g、水 180g、黑糯米 30g
材料 B	壽司醋	白醋 30g、細砂糖 20g、鹽 1g
C	外層料	小黃瓜 20g、蓮藕 30g、帶殼草蝦 2 隻（約 30g）、雞蛋 1 個 生食用鮭魚 2 小片（約 20g）、美乃滋 20g、三島香鬆 15g、蝦卵 10g 生食用鮪魚 2 小片（約 20g）、青蔥 5g（切絲）、海苔粉 10g 乾燥桂花 5g、醃漬櫻花 5g

1 壽司米洗淨後泡水 2 小時。

2 完全瀝乾水分後，加入 150g 水，放入電鍋，外鍋倒入 1 量米杯水，蒸熟至開關跳起來即為壽司飯。

3 黑糯米洗淨後泡水 2 小時。

4 完全瀝乾水分後，加入 30g 水，放入電鍋，外鍋倒入 1 量米杯水，蒸熟至開關跳起來即為黑糯米飯，放涼。

5 白醋、細砂糖、鹽放入鍋中，以小火加熱至細砂糖完全融化。

6 趁熱加入壽司飯中拌勻後，放涼備用。

7 小黃瓜切圓片共 10 片，撒上少許鹽，放置一段時間釋出水分。

8 蓮藕去皮後切薄片，放入滾水燙熟，取出後瀝乾。壽司飯、黑糯米各別分成每個 30g 小米糰，備用。

製作鮭魚壽司球

9 草蝦也放入滾水燙熟，取出後瀝乾。蛋打散，煎成蛋皮後切成絲狀備用。

10 保鮮膜鋪於砧板，依序鋪上 1 片鮭魚、1 個壽司米糰。

11 包起來後拉緊成圓球狀。

12 打開保鮮膜，將壽司放於盤子上，擠上少許美乃滋，共做兩個。

製作香鬆黃瓜球

13 將壽司飯與三島香鬆拌勻。

14 取 5 片小黃瓜片鋪於保鮮膜成花形。

15 鋪上香鬆壽司飯，包緊成圓球。

16 打開保鮮膜後，壽司放於盤子上，再放上蝦卵，共做兩個。

製作鮪魚壽司球

17 保鮮膜鋪於砧板，依序鋪上 1 片鮪魚、1 個壽司米糰，包緊成圓球，打開保鮮膜後，壽司放於盤子，放上青蔥絲，共做兩個。

製作鮮蝦壽司球

18 保鮮膜鋪於砧板，依序鋪上少許蛋絲、1 個壽司米糰，包緊成圓球。

19 打開保鮮膜後，壽司放於盤子，放上去殼草蝦，用小叉子固定，共做兩個。

製作黑糯米壽司球

20 保鮮膜鋪於砧板，取 1 片蓮藕片鋪於保鮮膜成花形，鋪上 1 份黑糯米飯，包緊成圓球。

21 打開保鮮膜後，壽司放於盤子，放上乾燥桂花，共做 2 個。

製作櫻花壽司球

22 壽司飯與海苔粉拌勻後，保鮮膜鋪於砧板，依序鋪上 1 個壽司米糰，包緊成圓球。

23 打開保鮮膜後，壽司放於盤子，放上醃漬櫻花，共做 2 個。

零失敗 Tips

- 壽司建議現做現吃，不適合放入冰箱保存。
- 一口壽司的配料與米飯，都可以自由發揮。
- 壽司多數為生食即不再加熱，操作過程一定要注意衛生。

米粒類　I Love Rice Food

彩虹壽司捲

份量	火候	外鍋水量	最佳賞味期
1 捲	**電鍋**	**1** 量米杯	**室溫半天**

67

A	米料	壽司米 150g、水 150g
B	壽司醋	白醋 30g、鹽 1g、細砂糖 20g
C	內餡	小黃瓜 20g、壽司海苔片 4 張、火鍋蟹肉棒 6 支、肉鬆 30g、美乃滋 20g
D	外層料	生食用鮪魚 100g、生食用鮭魚 100g
E	淋醬	美乃滋 20g、番茄醬 5g

材料

1. 壽司米洗淨後泡水 2 小時。
2. 完全瀝乾水分後，加入水，放入電鍋，外鍋倒入 1 量米杯水，蒸熟至開關跳起來即為壽司飯。 
3. 白醋、鹽、細砂糖放入鍋中，以小火加熱至細砂糖完全融化。 
4.  趁熱時加入壽司飯拌勻，放涼備用。 
5.  小黃瓜直剖成 4 份後去籽。 
6. 取兩條切成薄長片狀。 
7. 再撒上少許鹽，放置一段時間釋出水分。
8. 鮪魚切成薄長片。
9. 鮭魚切成薄長片。 
10. 將淋醬所有材料拌勻，備用。 
11. 在壽司簾上鋪上壽司海苔片。 
12. 先鋪上壽司米飯，均勻壓平整。 
13. 接著間隔鋪上鮪魚、鮭魚、小黃瓜。

阿嬤時代最流行的100道米食點心　　　　　　　　　　　　　　　　　　　　　　　Part 2

14 蓋上一層保鮮膜。

15 小心翻面，讓壽司簾朝上後，再拿掉壽司簾。

16 鋪上整條的小黃瓜、蟹肉棒、肉鬆。

17 慢慢捲緊後。

18 再用橡皮筋套住定型。

19 去除壽司簾、保鮮後模再切塊。

20 最後淋上番茄美乃滋醬即可。

零失敗 Tips

- 壽司建議現做現吃，不適合放入冰箱保存。
- 大多數以酪梨為主，風味帶點奶油香，如果因季節不易取得，外層可以綠小黃瓜替代。
- 壽司捲相似的名稱有很多，例如：龍捲、加州捲，主要看各地區而定，也有內餡包炸軟殼蟹。

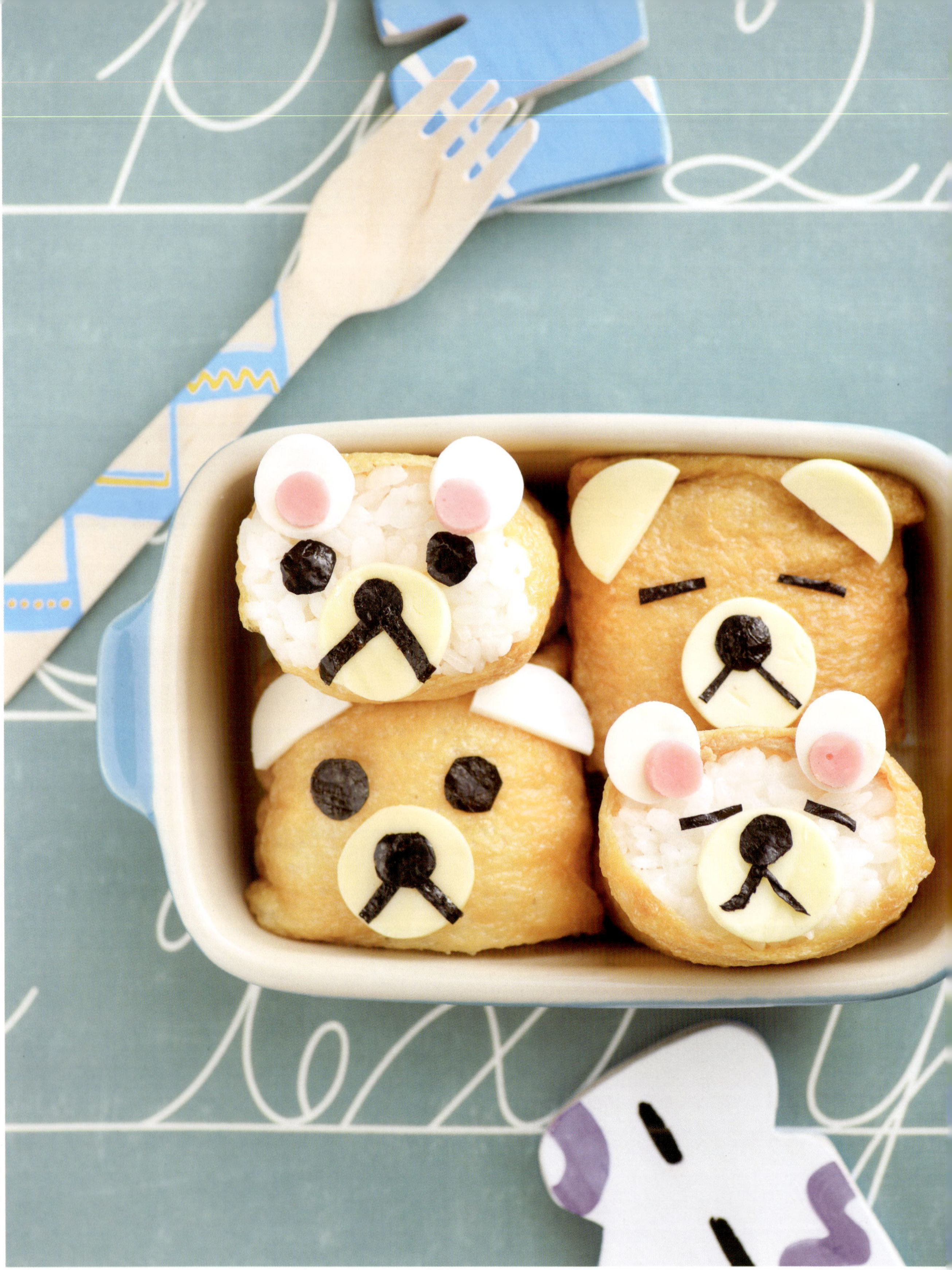

阿嬤時代最流行的100道米食點心　　　　　　　　　　　　Part 2

I Love Rice Food

米粒類
超卡哇伊豆皮壽司

份量	6 個
火候	電鍋
最佳賞味期	1 量米杯
最佳賞味期	室溫半天

材料

- **A　米料**　　壽司米 150g、水 150g、豆皮 6 個
- **B　壽司醋**　白醋 30g、鹽 1g、細砂糖 20g
- **C　外層料**　水煮蛋 2 個、火腿片 2 片、黃色起司片 2 片、壽司海苔片 1 張

1 壽司米洗淨後泡水 2 小時。

2 完全瀝乾水分後，加入水，放入電鍋，外鍋倒入 1 量米杯水，蒸熟至開關跳起來即為壽司飯。

3 白醋、鹽、細砂糖放入鍋中，以小火加熱至細砂糖完全融化。

4 趁熱時加入壽司飯拌勻。

5 放涼後，再填入豆皮內備用。

6 將水煮蛋切成小橢圓形，再用壓模壓出圓形。

7 火腿片也壓成小圓形。

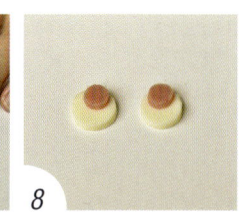

8 將水煮蛋在下、火腿片在上，做成熊耳朵及鼻子。

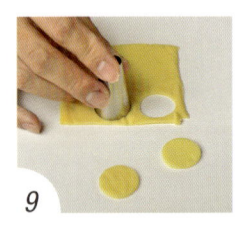

9　黃色起司片壓成小圓形，再切半成另一種耳朵圖樣。

10　壽司海苔片也壓成小圓形。

11　另外再剪出小長條後，做出熊的眼睛與鬍鬚。

12　將以上的配件隨個人喜好，組合成可愛的小熊。

13　最後再放入便當盒就完成了。

零失敗 Tips

- 壽司建議現做現吃，不適合放入冰箱保存。
- 可以挑選白色起司替換水煮蛋；也能自行創意變化其他動物造型。

Part 2

I Love Rice Food

米粒類
珍珠丸子

1 長糯米洗淨後泡水 2 小時,完全瀝乾水分備用。

2 豬絞肉、花枝漿與鹽拌至產生黏性。

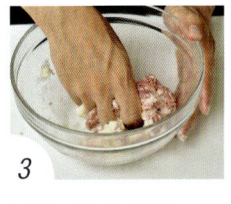

3 再加入花枝漿、薑末、醬油、米酒、白胡椒粉、五香粉與太白粉,混合拌勻為內餡。

4 雙手沾少許水,將內餡分成每個約 22g,塑型成小球狀。

5 於肉球表面沾上一層長糯米,並稍微捏緊。

6 將糯米肉球排在鋪一層蒸龍布的蒸籠,以大火蒸 13 分鐘至熟即可取出。

| 份量 | 10 個 | 火候 | 大火 | 時間 | 蒸 13 分鐘 |

最佳賞味期 室溫半天 / 冷藏 2 天 / 冷凍 7 天

材料

A 米料　長糯米 100g

B 內餡　豬絞肉 150g、花枝漿 50g
　　　　鹽 2g、薑(切末)5g
　　　　醬油 4g、米酒 2g
　　　　白胡椒粉 1g、五香粉 1g
　　　　太白粉 5g

零失敗 Tips

- 珍珠丸子冰過後,食用前需要用電鍋或蒸籠蒸熱。
- 長糯米也可與黑糯米混合,能呈現兩層交錯顏色。
- 珍珠丸子外觀可以添加紅麴的紅、薑黃粉的黃,來產生多種色彩。
- 在拌內餡時,如果太硬則需要加水;如果太軟則需要加入太白粉調整軟硬度。

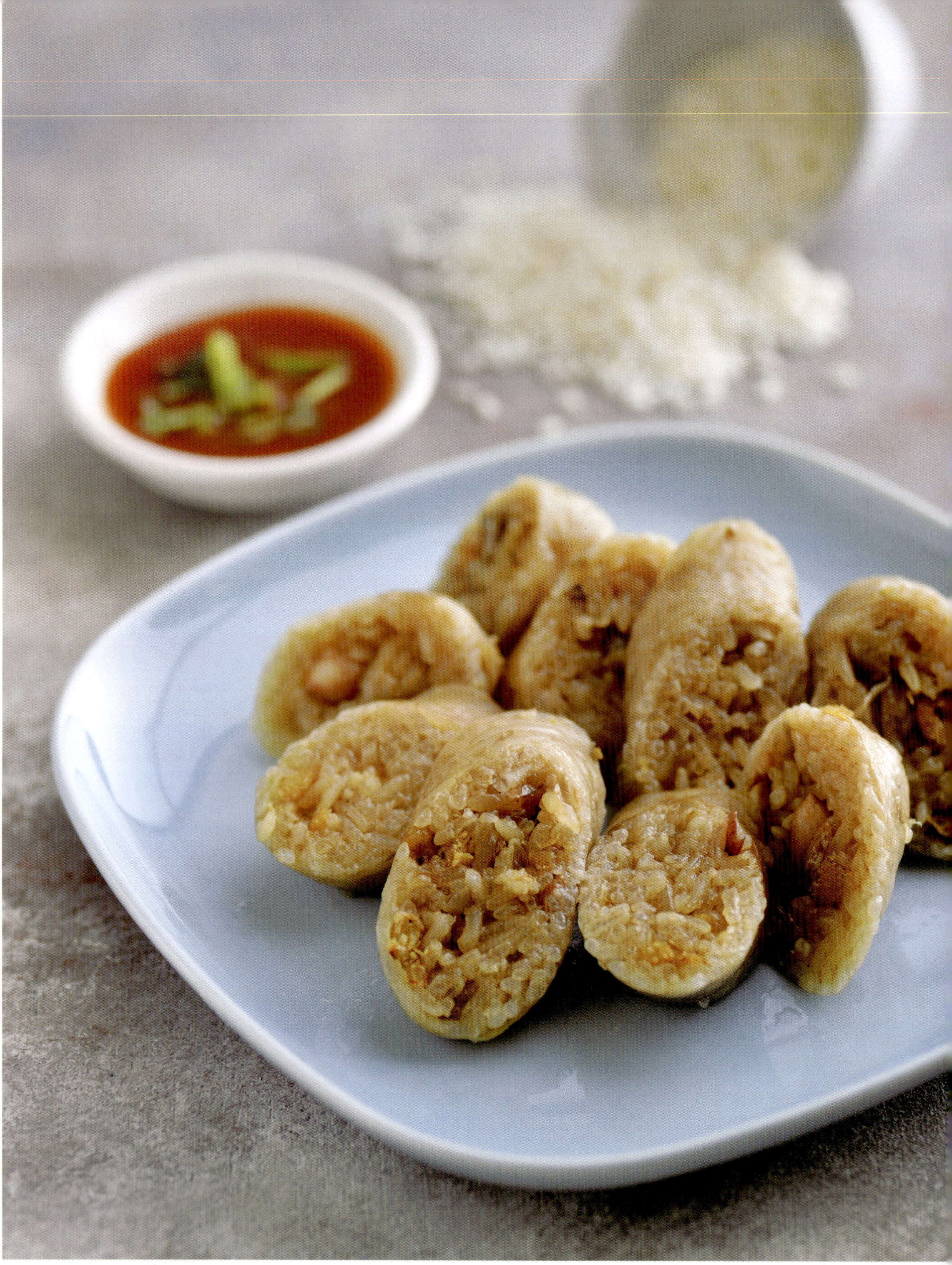

阿嬤時代最流行的100道米食點心　　　　　　　　　　　　　　　　Part 2

I Love Rice Food

米粒類
糯米腸

份量 **7 條**
火候 **中火**
時間 **煮 5 分鐘 → 蒸 10 分鐘**
最佳賞味期 **室溫半天 冷藏 2 天 / 冷凍 21 天**

材料

A	米料	長糯米 200g、蝦米 20g、沙拉油 20g、紅蔥頭（切末）30g、帶皮熟花生 30g
B	調味料	醬油 5g、鹽 3g、細砂糖 3g、白胡椒粉 5g、五香粉 2g、水 50g
C	沾醬	甜辣醬 30g、香菜（切末）15g
D	其他	豬腸衣 1 條（100 公分）、粽繩適量

1 長糯米洗淨後泡水 2 小時，完全瀝乾水分。

2 蝦米泡水至軟後瀝乾，切碎；甜辣醬、香菜末拌勻即為沾醬，備用。

3 沙拉油倒入平底鍋，加熱，放入紅蔥頭末、蝦米，以小火炒香。

4 倒入調味料炒勻，再放入長糯米，拌炒至顏色均勻。

5 盛於調理盆中，加入帶皮熟花生拌勻即為米料。

6 於水龍頭洗淨豬腸衣，將豬腸衣中的塑膠管取出來。

7 灌入清水，使豬腸衣鼓起後洗淨。

8 準備一盆清水，將豬腸衣套在大的漏斗上。

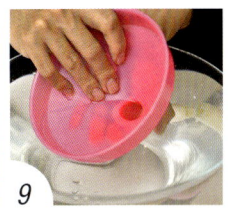

9 頭尾端先不要綁緊，先舀入少許清水。

75

10 再灌入米料於豬腸衣中。

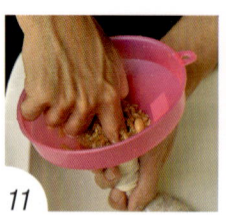

11 用筷子或是手指將米料推入豬腸衣。

12 依做法 7～12 製程，一次清水、一次米料灌入豬腸衣，成為鼓鼓的糯米腸。

13 將尾端綁緊，再以鬆散狀分段，用粽繩綁成數段（每段約 12 公分）。

14 在糯米腸的各段刺上小洞。

15 放入滾水中，以中火煮約 5 分鐘。

16 撈起後，再用中火蒸 10 分鐘至熟取出。

17 待冷卻後，去除粽繩，切片即可搭配沾醬食用。

零失敗 Tips

- 糯米腸冰過後，食用前需要用電鍋或蒸籠蒸熱。
- 在製作糯米腸時，不要心急，務必一次清水、一次米料完成灌入豬腸衣步驟，而且米料不宜灌得太滿，不然蒸煮時容易爆開。

米粒類

米窩窩頭

I Love Rice Food

| 份量 | **10** 個 | 火候 | **電鍋** | 時間 | **1** 量米杯 | 最佳賞味期 | **室溫半天 / 冷藏 3 天** |

材料

- **A** 外皮：圓糯米 150g、水 150g
- **B** 內餡：核桃 25g、桂圓肉 25g、紅豆沙餡 100g（P.30）
- **C** 蜜紅棗：乾紅棗（小）15 個、細砂糖 100g
- **D** 沾粉：熟玉米粉 50g、抹茶粉 15g

1 圓糯米洗淨後泡水 2 小時，完全瀝乾水分。

2 加入水，放入電鍋，外鍋倒入 1 量米杯水，蒸熟至開關跳起來，取出後趁熱搗爛，但仍然需要保留一些米粒外觀。

3 分成每個 30g 的小糯米糰並收圓即為外皮。

4 核桃排入烤盤，放入以 160℃ 預熱完成的烤箱。

5 烤 3～5 分鐘至金黃色，放涼備用。

6 烤好的核桃稍微切碎。

7 桂圓肉也切丁。

8 將以上兩種材料與紅豆沙餡混合拌勻。

9 分成每個 15g 即為內餡，搓圓。

阿嬤時代最流行的100道米食點心　　　　　　　　　　　　　　　　　　　　　　Part 2

10 乾紅棗洗淨，加入蓋過紅棗的水量，以大火煮10分鐘。

11 再加入細砂糖，續煮15分鐘。

12 撈起後放涼即為蜜紅棗。

13 手沾少許熟玉米粉，並取1份糯米外皮。

14 包入1份內餡。

15 捏合後並收圓。依序完成所有包餡步驟。

16 用大拇指於每個窩窩頭中間稍微按壓一個凹洞。

17 在窩窩頭1/4處篩上抹茶粉裝飾。

18 最後再鑲入蜜紅棗即完成。

零失敗 Tips

- 米窩窩頭冰過後，食用前需要用電鍋或蒸籠蒸熱。
- 傳統窩窩頭經常使用松子，內餡的核果類可以依照個人喜好而變化。
- 抹茶粉於表面裝飾不宜太多，不然容易有苦味。
- 抹茶粉可以花生粉或可可粉替換，篩在窩窩頭表面，能提升糕點的價值感與色彩效果。

米粒類

廣東粥

I Love Rice Food

| 份量 | 6 碗 | 火候 | 大火 →
中小火 →
小火 | 時間 | 煮 5 分鐘→
10 分鐘→
3 分鐘 | 最佳賞味期 | 室溫半天 / 冷藏 3 天 |

阿嬤時代最流行的100道米食點心　　　　　　　　　　　　　　　　　Part 2

材料
- A 粥底：蓬來米 150g、沙拉油 5g、鹽 5g、水 1500g、腐竹（切絲）20g、白果 8 個
- B 配料：皮蛋 80g（約 2 個）、豬絞肉 100g、青蔥（切末）20g、油條 30g
- C 調味料：鹽 5g、白胡椒粉 4g、香油 5g

1 蓬來米洗淨後瀝乾水分，加入沙拉油、鹽。

2 拌勻後放置 2 小時。

3 皮蛋放入滾水，以中火煮約 5 分鐘至蛋黃定型。

4 去殼後切成 6 片，備用。

5 將蓬萊米放入湯鍋，倒入 1500g 水，以大火煮滾。

6 轉中小火，煮至無完整米粒。

7 再加入腐竹絲、白果，煮至呈綿細粥底。

8 將皮蛋、豬絞肉放入粥底，以小火煮 3 分鐘，再加入調味所有料拌勻。

9 起鍋前放入蔥末、油條即可。

零失敗 Tips

- 粥品冰過後，食用前需要用電鍋或瓦斯爐加熱。
- 米需要泡鹽與油，是因為鹽與油有助於溶解米的外膜，讓粥底可以更快煮得綿細。
- 煮好的粥底可以分小包冷凍，食用前取出退冰，再加入個人喜好的食材一起烹煮，例如：海鮮、玉米、豬肝等變化口味。

米粒類

海鮮粥

I Love Rice Food

| 份量 | 6 碗 | 火候 | 大火 →中小火 →小火 | 時間 | 煮 **10** 分鐘 → **10** 分鐘 → **3** 分鐘 | 最佳賞味期 | 室溫半天
冷藏 2 天 |

材料			
	A	粥底	柴魚片 30g、水 1300g、蓬萊米 150g
	B	配料	花枝 40g、鯛魚 40g、蟹肉 30g、蝦仁 40g、薑（切絲）30g、青蔥（切末）20g
	C	調味料	鹽 5g、白胡椒粉 4g、香油 5g

1 柴魚片放入湯鍋，倒入 300g 水，以大火煮約 10 分鐘，關火。

2 用濾網濾除柴魚片與雜質，取得清湯即為柴魚高湯。

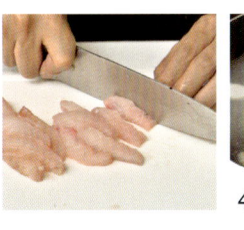

3 花枝、鯛魚分別切片。

4 再與蝦仁一起放入滾水中，燙熟後撈起備用。

5 蓬萊米洗淨後瀝乾，與剩下的 1000g 水、做法 1 的柴魚高湯倒入另一個湯鍋，以大火煮滾。

6 再轉中小火，煮至呈綿細粥品成粥底。

7 將鯛魚片、花枝片、蟹肉、蝦仁、薑絲放入粥底，以小火煮 3 分鐘。

8 再加入調味料拌勻。

9 起鍋前放入青蔥末即可。

零失敗 Tips

- 粥品冰過後，食用前需要用電鍋或瓦斯爐加熱。
- 使用柴魚片煮的高湯底，風味更佳。
- 可以選擇喜歡的海鮮料替換，例如：牡蠣、蛤蜊、鯛魚片等。

米粒類
八寶粥

I Love Rice Food

1 紅豆、綠豆、薏仁、紅棗洗淨，與水倒入湯鍋，加入洗淨並瀝乾水分的圓糯米、黑糯米，以大火煮至滾。

2 轉中火，加入麥片，續煮至米軟爛。

3 再加入桂圓肉、去皮熟軟花生、紹興酒，邊煮邊攪拌至滾。

4 接著加入細砂糖拌勻，視個人喜好調整甜度即可。

份量 **6** 碗　　火候 **大火 → 中火**　　時間 **煮 30** 分鐘
最佳賞味期 **室溫 1 天 / 冷藏 3 天**

材料

A 米料
紅豆 30g、綠豆 20g、
薏仁 20g、紅棗 6 個、
水 2500g、圓糯米 100g、
黑糯米 30g、麥片 20g、
桂圓肉 30g、去皮熟軟花生 30g

B 調味料
紹興酒 20g、細砂糖 120g

零失敗 Tips
- 八寶粥冰過後，取出時可以冷食也可以熱食，熱食則需要用電鍋或瓦斯爐加熱。
- 八寶粥的濃稠度，可自行加水調整。
- 若不嗜酒或是要給小朋友食用，則可以省略紹興酒。
- 八寶粥意為豐富的粥，內容物可依個人喜好自行增減或挑選。
- 烹煮的過程，鍋子底部米料容易煮焦，所以需要不停攪拌。

Part 2

I Love Rice Food

米粒類

韓式人參糯米雞湯

1 肉雞洗淨後拭乾；圓糯米洗淨後泡水2小時，完全瀝乾水分，備用。

2 將圓糯米、3個紅棗、15g人參鬚、20g栗子、15g蒜仁及5g薑片塞入肉雞身體內。

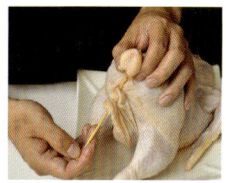

3 再用牙籤將尾部封緊。

4 雞高湯先倒入燉鍋，加入剩餘的紅棗、人參鬚、栗子、蒜仁、薑片，以大火煮10分鐘。

5 加入肉雞，並加水至蓋過整隻雞。

6 最後放入蒸籠中，以中火蒸90分鐘至熟軟，關火，食用時取出牙籤即可。

份量	4人份
火候	大火 → 中火
時間	煮10分鐘 → 蒸90分鐘
最佳賞味期	室溫半天 / 冷藏2天

材料

- A 米料：肉雞1隻（300g）、圓糯米50g、紅棗7個、人參鬚40g、栗子30g、蒜仁20g、薑（切片）10g
- B 高湯：雞高湯400cc、鹽10g
- B 其他：牙籤適量

零失敗 Tips

- 雞湯冰過後，食用前需要用電鍋或瓦斯爐加熱。
- 在台灣不容易取得新鮮人參與生栗子，可依方便性用乾貨代替。
- 在韓國，有些賣人參雞餐廳會附上1杯人參酒，可以自飲或是倒入雞湯中一起煮。

85

三色韓式米花糖

米粒類

I Love Rice Food

份量 12個

火候 中小火

時間 煮 8 分鐘

最佳賞味期 室溫 3～5 天

材料

- **A 米香體**　原味米香 200g、去皮硬熟花生 30g
- **B 糖漿**　細砂糖 100g、麥芽糖 45g、鹽 3g、水 45g、沙拉油 10g
- **C 其他**　乾燥玫瑰花瓣 5g、紫地瓜粉 2g、南瓜粉 2g

阿嬤時代最流行的100道米食點心　　　　　　　　　　　　　　　　　　　　　　　Part ── 2

1 原味米香、去皮硬熟花生混合均勻，分成3份，盛裝碗中。

2 排入烤盤，再放入烤箱，以80℃低溫呈現保溫狀態；並在長方形鳳梨酥模內側塗上一層沙拉油，備用。

3 細砂糖、麥芽糖、鹽、水混合均勻，並以中小火加熱到115℃（約8分鐘）。

4 關火後加入沙拉油，拌均勻即為糖漿。

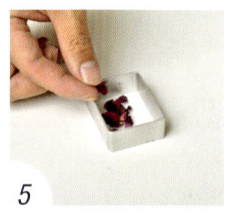

5 糖漿分成3份，乾燥玫瑰花瓣放入鳳梨酥底部備用。

6 第1份糖漿與紫地瓜粉拌勻，加入1份米香，趁熱拌勻，快速填入有玫瑰花瓣的鳳梨酥模，壓緊實，脫模後即為紫色米花糖。

7 第2份糖漿與南瓜粉拌勻，快速填入鳳梨酥模，壓緊實，脫模後即為黃色米花糖。

8 第3份糖漿與1份保溫狀態的米香，趁熱拌勻。

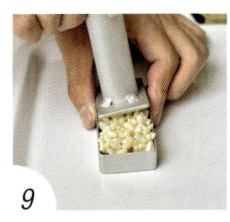

9 接著快速填入鳳梨酥模中，壓緊實，脫模後即為原色米花糖。

零失敗 Tips

- 南瓜粉可以咖哩粉、薑黃粉替換；紫地瓜粉可以紅麴粉、甜菜根粉替換。
- 如果糖漿需要等待操作時，一定要用小火保溫，不然容易硬化。
- 這款產品在韓國節慶或重要比賽常見到，常被製作成6～7種不同顏色，表面也會有不一樣的變化，譬如用蜜人參、蜜枸杞、食用花瓣裝飾。
- 也可以300g白米乾替代原味米香，白米乾可以放入200℃油鍋中，炸至白米乾膨脹後撈起，再與熟花生、油蔥酥拌勻即可做鹹口味的米花糖。

桂花甜藕

米粒類

I Love Rice Food

份量	火候
3 人份	中火

時間
煮 30 分鐘 → 20 分鐘

最佳賞味期
室溫 1 天
冷藏 3 天

材料

A 米料 圓糯米 150g、蓮藕 2 節

B 其他 檸檬 1/2 個、柳丁 1/2 個、冰糖 300g、乾燥桂花 2g、竹籤適量

阿嬤時代最流行的 100 道米食點心　　　　　　　　　　　　　　　　　　　　Part 2

1 圓糯米洗淨後泡水 2 小時，完全瀝乾水分。

2 柳丁取皮切絲，備用。

3 檸檬取皮切絲，備用。

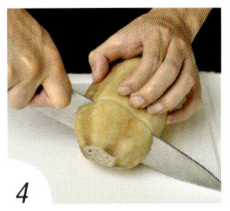

4 蓮藕洗淨，並於蓮藕前端切下一小片。

5 瀝乾的圓糯米塞入蓮藕空心。

6 再用竹籤協助塞緊。

7 蓋上剛剛切下的蓮藕前端。

8 並用數支長竹籤插入蓮藕固定。

9 再放入鍋中，加入水量蓋過蓮藕。

10 以中火煮約 30 分鐘。

11 煮到剩下一半的水分時，再加入 150g 的冰糖，續煮 20 分鐘使蓮藕有甜味。

12 關火，撈起蓮藕，待冷卻再切片。

13 另外準備 100g 的水，加入桂花、剩餘的 150g 冰糖，以大火煮至濃稠。

14 再放入檸檬絲、柳丁絲，續煮 1 分鐘產生香味。

15 最後再淋於蓮藕片即可。

零失敗 Tips

- 這道甜點冰過後，食用前需要用電鍋或蒸籠蒸熱。
- 煮蓮藕時，不可以先放冰糖，這樣糯米會不容易熟爛。
- 選購蓮藕時，要選擇比較中段且粗大為佳，孔洞大則在操作時會比較容易。
- 蓮藕在煮的過程中，水會變深色，所以煮桂花糖蜜時，必須再另外準備一鍋水煮。
- 圓糯米在塞入蓮藕時，只能用細的竹籤或牙籤協助塞緊，如果用筷子塞入，容易造成蓮藕裂開。

米粒類

傳統桂圓甜米糕

| 份量 | 3個（直徑8公分空心模） | 火候 | 大火 | 時間 | 蒸 5 分鐘 → 5 分鐘 | 最佳賞味期 | 室溫 1 天 / 冷藏 2 天 |

阿嬤時代最流行的100道米食點心　　　　　　　　　　　　　　Part ── 2

材料	A	米料	圓糯米 150g、水 125g
	B	餡料	桂圓肉 50g、細砂糖 30g、米酒 25g、沙拉油 15g
	C	其他	沙拉油少許

1 圓糯米洗淨後泡水 2 小時，完全瀝乾水分。

2 加入水，放入電鍋，外鍋倒入 1 量米杯水，蒸熟至開關跳起來。

3 將桂圓肉切小丁。

4 加入蒸熟的糯米、細砂糖、米酒、沙拉油中一起拌勻。

5 再放入蒸籠中，以大火蒸約 5 分鐘，取出待稍微冷卻。

6 取少許沙拉油，刷於直徑 8 公分空心模內側。

7 將糯米飯填入空心模，壓緊實且平整，再用大火蒸 5 分鐘，取出後脫模，放涼即可食用。

零失敗 Tips

- 甜米糕冰過後，食用前需要用電鍋或蒸籠蒸熱。
- 除了米酒之外，也可以蘭姆酒替換。
- 加入米酒會更有香氣，如果不愛酒味，則可以省略。

米粒類

紫米地瓜糕

| 份量 | 方形模 **1** 個
（長 16× 寬 16× 高 7 公分） | 火候 | 電鍋 | 時間 | **1** 量米杯 | 最佳賞味期 | 室溫半天
冷藏 3 天 |

材料

- A　米糕體　　黑糯米 150g、圓糯米 150g、水 300g、砂細糖 30g
- B　內餡　　　桂圓肉 20g、蘭姆酒 15g、地瓜 200g、細砂糖 30g
- C　其他　　　沙拉油少許

阿嬤時代最流行的100道米食點心　　　　　　　　　　　　　　　　　　　　　　　　　　Part 2

1 黑糯米與圓糯米洗淨，一起泡水2小時，完全瀝乾水分。

2 加入水，放入電鍋，外鍋倒入1量米杯水，蒸熟至開關跳起來。

3 取出後趁熱搗爛，但仍然需要保留一些米粒外觀。

4 接著加入細砂糖攪拌均勻備用。

5 桂圓肉切碎，泡入蘭姆酒約15分鐘。

6 地瓜去皮後切片，放入電鍋，外鍋倒入1量米杯水，蒸熟軟至開關跳起來。

7 取出後趁熱搗成泥。

8 加入細砂糖、泡過酒的桂圓肉，充分拌勻，糯米飯分成兩份備用。

9 準備1個方形模，在內側底層與四周抹上一層沙拉油。

10 取一份米飯鋪入底層，壓緊實後抹平。

11 中間鋪上地瓜餡再抹平，並於最上方鋪上另一份糯米飯，壓緊實。

12 用湯匙或抹刀在模具邊緣劃一圈。

13 倒扣於砧板上，脫模後切塊食用。

零失敗 Tips

- 地瓜糕冰過後，食用前需要用電鍋或蒸籠蒸熱。
- 地瓜內餡可以依個人喜好換成紫山藥。
- 黑糯米本身比較硬而且比較不黏，所以需要添加圓糯米，才容易塑型。
- 抹平糯米飯時，可以用飯匙沾少許水再壓，這樣才不會沾黏，或是手套上塑膠袋將整個表面整平。

泰式芋頭黑糯米

米粒類

I Love Rice Food

份量	火候
3份	電鍋

時間
1 量米杯

最佳賞味期
室溫半天
冷藏 2 天

材料

- **A** 米料　　黑糯米 70g、水 200g、細砂糖 20g
- **B** 芋頭餡　芋頭 120g、細砂糖 20g、沙拉油 10g
- **C** 其他　　椰漿 30g、乾燥桂花 3g

阿嬤時代最流行的100道米食點心　　　　　　　　　　　　　　　　　　　　　Part 2

1 黑糯米洗淨後，泡水2小時。

2 完全瀝乾水分，加入水，放入電鍋，外鍋倒入1量米杯水，蒸熟至開關跳起來，取出後稍微放涼。

3 黑糯米飯倒入食物調理機，攪打成泥（如果質地太濃稠，另外加入少許水，繼續攪打直到綿密泥狀）。

4 再倒入鍋中，加入細砂糖，用中小火邊煮邊攪拌至滾，關火備用。

5 芋頭去皮後切片。

6 放入電鍋，外鍋倒入1量米杯水，蒸熟至開關跳起來，取出後趁熱搗爛。

7 再加入細砂糖、沙拉油，攪拌均勻至光滑狀。

8 用甜筒挖球器挖出一球，放在盤中。

9 淋上適量做法4的黑糯米漿，再淋上椰漿，撒上乾燥桂花即可。

零失敗 Tips

- 此道甜點冰過後，食用前需要用電鍋或瓦斯爐小火加熱即可。
- 若喜歡吃冰品，可以加入適量碎冰、菠蘿蜜、果乾或等冰品配料。
- 細砂糖份量可以依個人喜好而調整。黑糯米漿與芋頭餡皆加入少許細砂糖，有益於保存，不加入任何細砂糖的黑糯米漿很容易酸壞。

米粒類

雲南糯米粑粑

| 份量 | 派盤 **1** 個（直徑 8 吋） | 火候 | **大火 →** **180°C** | 時間 | **蒸 12** 分鐘 → **烤 3** 分鐘 | 最佳賞味期 | 室溫半天 冷藏 3 天 |

材料
- A 米料：黑糯米 50g、圓糯米 150g、熟白芝麻 20g
- B 其他：蜂蜜 30g、椰子粉 30g、沙拉油少許

阿嬤時代最流行的100道米食點心　　　　　　　　　　　　　　　　　　　　　　Part 2

1 黑糯米與圓糯米一起洗淨，泡水2小時，完全瀝乾但保留少許水分。

2 再將米鋪入有蒸籠布的蒸籠，以大火蒸12分鐘至米心熟。

3 取出後翻鬆，盛入調理盆中。

4 趁熱微搗成稍微帶有米粒狀。

5 再加入熟白芝麻拌勻備用。

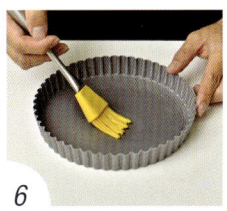

6 派盤刷上一層沙拉油。

7 將黑糯米飯填入派盤中。

8 用手壓平整，排入烤盤，放入以180℃預熱完成的烤箱，烤3分鐘成形且酥脆。

9 取出烤盤，待冷卻後脫模，切塊，並沾蜂蜜、椰子粉一起食用味道更佳。

零失敗 Tips

- 這款甜點冰過後，食用前需要用烤箱加熱。
- 也可以搭配鹹餡一起食用，譬如用紅酒牛肉沾食。
- 全部用黑糯米黏性比較不足而且比較硬，所以會添加圓糯米一起製作。

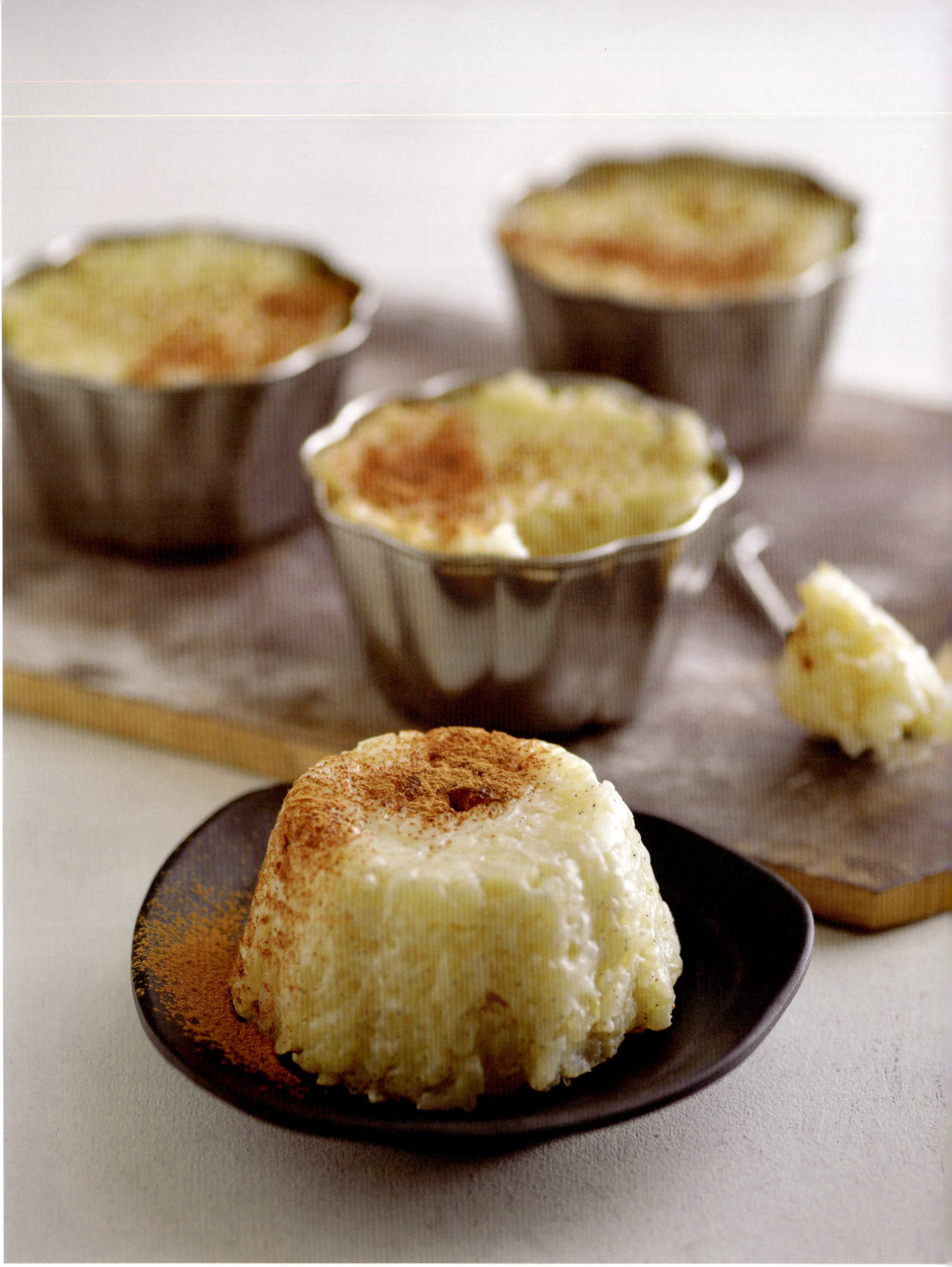

阿嬤時代最流行的100道米食點心　　　　　　　　　　　　　　　　Part 2

I Love Rice Food

米粒類

土耳其米布丁

份量	杯模 5 個（直徑 6 公分）
火候	**210**℃
時間	烤 **3** 分鐘
最佳賞味期	室溫半天 / 冷藏 3 天

材料

A 米料　白米 200g、無鹽奶油 40g、細砂糖 30g、鹽 2g、香草莢 1 支、鮮奶 500g、動物性鮮奶油 100g

B 其他　桂粉 2g

1. 白米洗淨後倒入鍋中，加入無鹽奶油、細砂糖、鹽。
2. 以小火拌炒均勻。 
3. 香草莢剖開後取下香草籽。 
4. 將鮮奶、鮮奶油、香草籽放入做法 2 鍋中，以小火繼續加熱至米粒熟，關火。 
5. 再裝入杯模後，排入烤盤，抹平表面。
6. 放入以 210℃ 預熱完成的烤箱，稍微烤 3 分鐘至表面金黃，取出待冷卻。 
7. 再放入冰箱冷藏，食用前在表面篩上一層肉桂粉即可。 

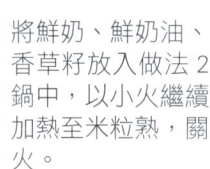

零失敗 Tips

- 布丁冷藏後，食用前需要用電鍋或蒸籠蒸熱。
- 如果不喜歡肉桂的味道，則可以不加。
- 白米是家中最好取得的米，也可以用義大利米替換白米試試看風味。

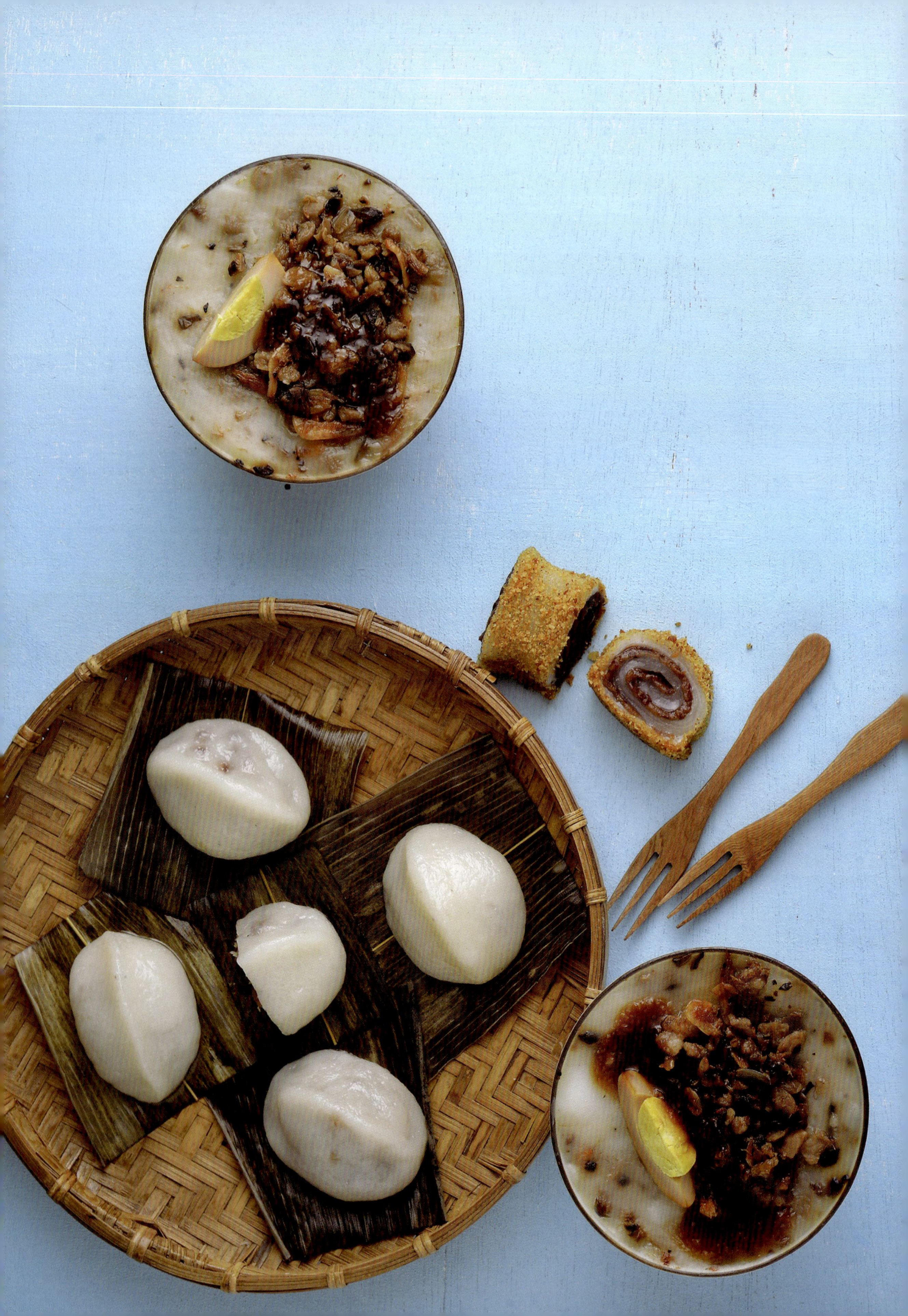

I Love Rice Food

Part 3 經典好滋味 米漿糰

將米粒磨製成米漿或脫水成米漿糰，外觀已經沒有米粒的外形，而是呈現糊、漿、團狀，適合製作成肉圓、紅龜粿、蘿蔔糕、紅豆缽仔糕、水果冰皮月餅、泰國象鼻子糕、驢打滾等。
它們都擁有熟悉回憶與經典好滋味，
更可以嘗到同為米食為主的其他亞洲國家糕點。

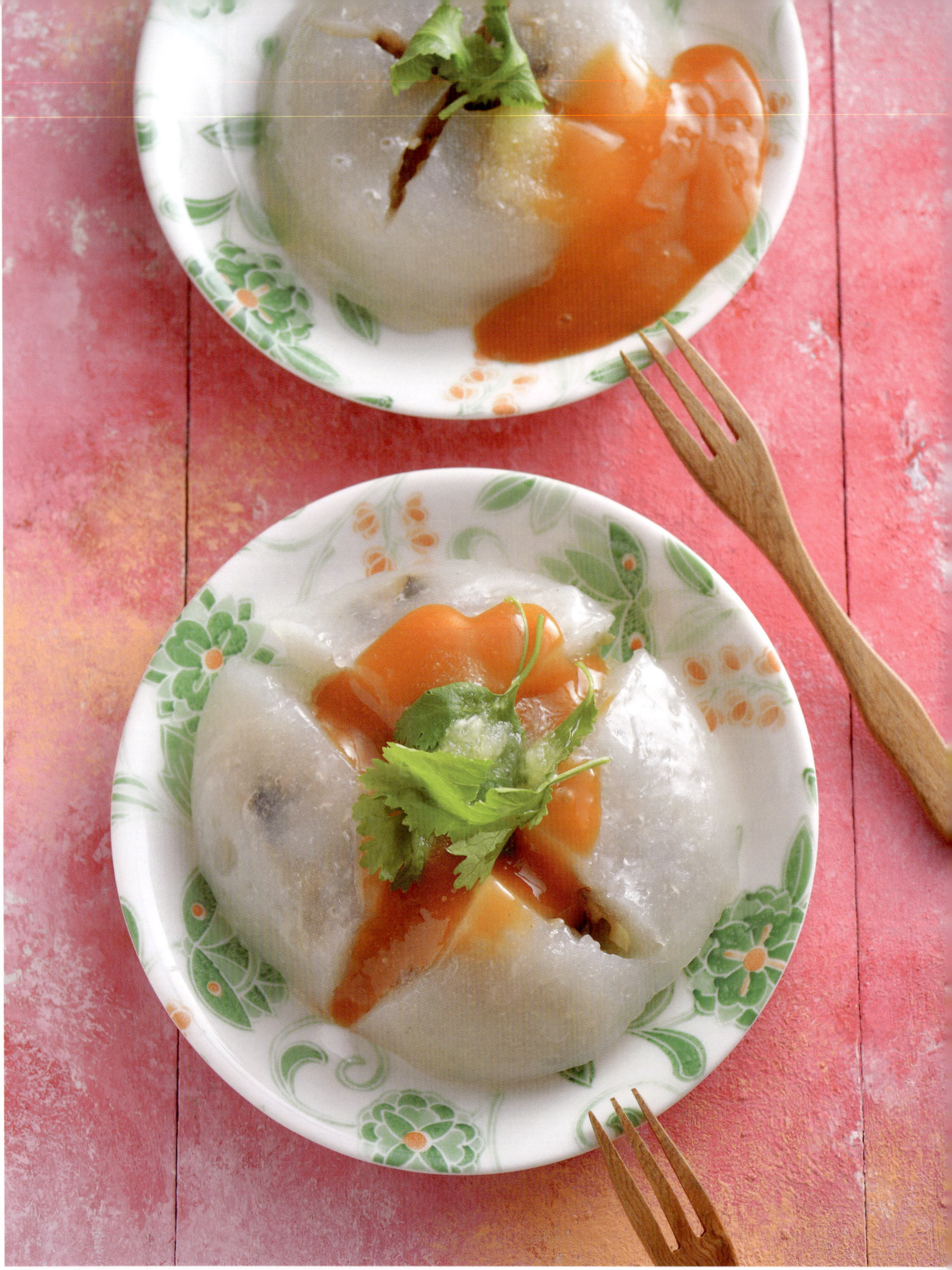

阿嬤時代最流行的100道米食點心　　　　　Part 3

I Love Rice Food

米漿糰
肉圓

份量	**10** 個
火候	**中小火**
時間	**蒸 20** 分鐘
最佳賞味期	**室溫半天 / 冷藏 2 天**

材料

A	米皮	水 325g、在來米粉 30g、地瓜粉 180g、樹薯澱粉 25g
B	內餡	沙拉油 20g、紅蔥頭（切碎）20g、新鮮香菇（切丁）20g、沙拉筍（切丁）50g、豬絞肉 100g
C	調味料	醬油 2g、香油 3g、鹽 2g、白胡椒粉 1g、細砂糖 3g、五香粉 1g
D	芡汁	樹薯澱粉 2g、水 8g
E	沾醬	海山醬 80g、番茄醬 40g、味噌 20g、細砂糖 40g、樹薯粉 10g、水 200g
F	其他	沙拉油少許、蒜泥 20g、香菜 20g

1. 水、在來米粉、30g 地瓜粉放入鍋中，拌勻。

2. 以小火邊煮邊攪拌至濃稠狀，關火後待冷卻。

3. 再加入剩餘的 150g 地瓜粉、樹薯粉拌勻即為米皮，並放入冰箱冷藏備用。

4. 沙拉油倒入鍋中，放入紅蔥頭碎、新鮮香菇丁、沙拉筍丁與豬絞肉炒熟。

5. 加入所有調味料炒勻。

6. 再加入拌勻的芡汁即為內餡。

7. 在直徑 10 公分的碟子上，刷一層薄薄的沙拉油。

8. 填上一層米漿糊。

9. 中間放上 1 大匙餡料。

103

10 再填上一層米漿糊抹平，依續完成另外 9 個肉圓填餡步驟備用。

11 放入蒸籠。

12 以中小火蒸 20 分鐘至熟，取出後待冷卻。

13 放入沾醬所有材料。

14 混合拌勻。

15 以小火煮至濃稠後關火，待冷卻備用。

16 肉圓剪十字開口。

17 淋上沾醬及蒜泥，撒上香菜即可食用。

零失敗 Tips

- 肉圓冰過後，食用前需要用電鍋或蒸籠蒸熱。
- 如果喜歡比較硬的外皮口感，可以在蒸完後再泡於溫油內慢慢加熱。
- 各地區的肉圓製作方法與內餡有些差異，有的是用蒸、有的用炸，以個人喜好為主。

米漿糰

鹼粽

I Love **Rice** Food

| 份量 | **5** 個 | 火候 | **中小火** | 時間 | **煮 2** 小時 | 最佳賞味期 | 室溫半天 / 冷藏 2 天 / 冷凍 21 天 |

105

材料	A	米皮	圓糯米 300g、食用鹼粉 6g、90℃熱水 100g、沙拉油 20g
	B	淋醬	蜂蜜 20g
	C	其他	粽葉 10 片、粽繩 5 條

1. 圓糯米洗淨後，濾乾水分。
2. 粽葉放入熱水泡軟，撈起後瀝乾。 
3. 食用鹼粉加入 90℃熱水。 
4. 拌至鹼粉溶解即為鹼水。 
5. 再與沙拉油拌勻備用。 
6. 鹼水與圓糯米拌勻。 
7. 每隔 20 分鐘拌勻一次。 
8. 泡約 2 小時至米呈黃色，分成 5 份。 
9. 取兩片粽葉平行交錯放好。 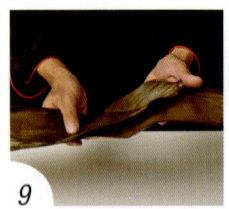
10. 往內折成錐形。 
11. 填入 1 份米量。 
12. 稍微壓平。

13 將粽葉往下折並蓋住米餡,左右兩側的粽葉向下壓緊。

14 翻轉後將左右兩側的粽葉向上折起來。

15 再將粽葉折起來。

16 用手稍壓成三角錐體。

17 用粽繩繞好後綁緊,依序完成其他鹼粽包裹。

18 將鹼粽放入滾水。

19 以中小火煮2小時,撈起後瀝乾,放涼後去除粽葉,淋上蜂蜜即可食用。

零失敗 Tips

- 鹼粽冰過後,食用前需要用電鍋或蒸籠蒸熱。
- 每隔20分鐘拌勻一次,鹼水才不會全部沉在底部。
- 有些鹼粽會加入紅豆沙餡,並沾二砂糖食用,皆有不同驚喜風味。
- 鹼粽會帶一點點鹼的味道,所以在添加鹼粉時必須非常注意,因為鹼粉太少,則米皮會不夠透明。

米漿糰
蘿蔔糕

I Love Rice Food

| 份量 | 長方模 2 個
（長 19× 寬 10× 高 6 公分） | 火候 | 大火 | 時間 | 蒸 35 分鐘 | 最佳賞味期 | 室溫半天
冷藏 2 天
冷凍 7 天 |

材料

- **A　米漿糊**　在來米粉 150g、細砂糖 12g、水 360g
- **B　餡料**　白蘿蔔（切絲）240g、鹽 4g、蝦米 20g、沙拉油 20g、紅蔥頭（切碎）15g　新鮮香菇（切丁）30g、蘿蔔乾（切碎）60g
- **C　調味料**　鹽 6g、香油 6g、白胡椒粉 1g

阿嬤時代最流行的 100 道米食點心　　　　　　　　　　　　　Part ── 3

1. 在來米粉、細砂糖與水放入鍋中拌勻。
2. 以小火邊煮邊攪拌至濃稠狀，關火後待冷卻。 
3. 白蘿蔔絲加入鹽。 
4. 抓勻後待釋出水分。 
5. 蝦米泡水至軟，瀝乾後切碎，備用。 
6. 沙拉油倒入鍋中，放入紅蔥頭碎、新鮮香菇丁、白蘿蔔絲、蝦米碎、鹽與蘿蔔乾碎，以小火炒香。 
7. 加入所有調味料炒勻。 
8. 盛出後與米漿糊混合拌勻。 
9. 再倒入長方模中抹平。  
10. 以大火蒸 35 分鐘至熟。 
11. 取出後放涼。 
12. 脫模後切片，可以直接食用，或放入平底鍋，以小火煎至金黃色。 

零失敗 Tips

- 蘿蔔糕放入冰箱冰過後，食用前需要用電鍋或蒸籠蒸熱。
- 港式蘿蔔糕會加入臘肉及臘腸，可以依個人喜好變化。
- 米漿糊在加熱時，需要一直攪拌以防止有硬顆粒產生。
- 米漿糊化並冷卻後會比較有彈性，也有未糊化就直接蒸熟，切片後雙面煎至金黃呈脆皮的做法。

109

碗粿

米漿糰

I Love Rice Food

份量 6 碗

火候 大火

時間 蒸 35 分鐘

最佳賞味期
室溫半天
冷藏 3 天
冷凍 7 天

材料

A	米漿糊	在來米粉 200g、樹薯澱粉 20g、水 700g
B	餡料	沙拉油 20g、紅蔥頭（切碎）15g、新鮮香菇（切丁）30g、豬絞肉 60g、蝦米（切碎）20g、蘿蔔乾（切碎）60g、滷蛋 1 個
C	調味料	醬油 15g、鹽 3g、細砂糖 3g、白胡椒粉 5g、水 10g
D	醬料	蒜蓉醬油膏 40g

阿嬤時代最流行的100道米食點心　　　　　　　　　　　　　　　Part 3

1　在來米粉、樹薯澱粉及水，混合拌勻。

2　再倒入鍋中，以小火加熱，不停攪拌至米漿糊變成濃稠狀後關火。

3　沙拉油倒入鍋中，放入紅蔥頭碎、新鮮香菇丁、豬絞肉、蝦米碎與蘿蔔乾碎，以小火炒香。

4　倒入所有調味料。

5　炒勻後盛出；滷蛋切成6等份，備用。

6　米漿糊與2/3份量餡料拌勻。

7　再分盛於瓷碗，共6碗。

8　抹平米漿糊，鋪上剩下的1/3餡料。

9　每碗放上1片滷蛋。

10　再放入蒸籠。

11　以大火蒸35分鐘至熟。

12　取出後淋上蒜蓉醬油膏即可。

零失敗 Tips

- 碗粿冰過後，食用前需要用電鍋或蒸籠蒸熱。
- 剛蒸好時會比較軟，必須待微涼，使其富彈性口感。
- 碗粿的做法各地區有些許差異，糕體是否拌入餡料，可以依個人喜好而決定。

111

油粿

米漿糰

I Love Rice Food

份量 12 個

火候 中火 ↓ 60°C

時間 蒸 25 分鐘 → 低溫炸 5 分鐘

最佳賞味期
室溫半天
冷藏 2 天
冷凍 7 天

材料

A	米漿糊	在來米粉 150g、地瓜粉 100g、水 360g
B	餡料	沙拉油 20g、芋頭（切丁）240g、蝦米（切碎）20g
C	調味料	細砂糖 12g、鹽 6g、白胡椒粉 1g
D	醬料	蒜蓉醬油膏 40g、香菜（切碎）20g
E	其他	沙拉油少許

阿嬤時代最流行的 100 道米食點心　　　　　　　　　　　　　　　　　　　　Part 3

1 在來米粉、地瓜粉、水倒入調理盆，用打蛋器拌勻。

2 加入所有調味料拌勻，倒入平底鍋。

3 以小火邊加熱邊攪拌至濃稠狀後，關火，放置一旁。

4 沙拉油倒入鍋中，加入芋頭丁、蝦米碎。

5 以小火炒香芋頭丁、蝦米碎。

6 加入米漿糊混合拌勻。

7 待微涼，分成每糰 75g 小塊，稍微整圓。

8 放在已鋪好蒸籠紙的蒸籠中。

9 用中火蒸 25 分鐘至熟，關火。

10 取出蒸好的米漿糰，放入 60℃ 沙拉油中。

11 以低溫半泡方式，炸約 5 分鐘後撈起。

12 盛碗，淋上拌勻的醬料即可。

零失敗 Tips

- 做法 7 還沒蒸製前的米漿糰，可以放入冰箱冷凍，食用前再蒸熟，並用 60℃ 沙拉油溫泡熟即可。
- 米漿糰在加熱時，需要一直攪拌至成糰。
- 芋頭切絲或是切丁皆適合，但口感稍微不同。

米漿糰

潮州鹹水粿

| 份量 **7** 個 | 火候 **大火** | 時間 **蒸 20** 分鐘 | 最佳賞味期 **室溫半天 / 冷藏 2 天** |

阿嬤時代最流行的100道米食點心　　　　　　　　　　　　　　Part 3

材料	A	米漿糰	在來米粉 120g、玉米粉 5g、沙拉油 20g、水 250g、泡打粉 2g
	B	餡料	蘿蔔乾 100g、豬油 20g、蒜仁（切末）30g、蝦米（切碎）20g、豆乾（切丁）30g、白胡椒粉 2g
	C	其他	沙拉油少許

1 在來米粉、玉米粉、沙拉油、水與泡打粉，放入調理盆中。

2 混合拌勻即為米漿糊。

3 蘿蔔乾泡水後瀝乾，切碎。

4 豬油倒入平底鍋，放入蒜碎、蘿蔔乾碎、蝦米碎、豆乾丁，以小火炒香。

5 加入白胡椒粉拌炒均勻即為餡料。

6 準備 6 個中等尺寸耐蒸茶杯，並在內層刷上一層薄薄沙拉油。

7 將米漿糊倒入茶杯至六分滿。

8 放入蒸籠，以大火，蒸 20 分鐘至熟。

9 取出耐蒸茶杯待冷卻。

10 在中間凹洞處鋪上適量餡料即可。

零失敗 Tips

- 鹹水粿冰過後，食用前需要用電鍋或蒸籠蒸熱。
- 以中等尺寸瓷茶杯最適合，茶杯容量約 80～100cc。
- 這款點心為潮州美食，利用大火蒸到糕體中間脹起，蒸製中途請勿打開鍋蓋，以免失敗，待冷卻後自然微凹。

米粒類
米蚵仔煎

| 份量 | 2 份 | 火候 | 小火 →中小火 | 時間 | 煎 6 分鐘 | 最佳賞味期 | 室溫半天 |

阿嬤時代最流行的 100 道米食點心

Part 3

材料	A	米漿糊	地瓜粉 70g、蓬萊米粉 30g、水 200g
	B	配料	沙拉油 20g、蒜仁（切末）20g、牡蠣 50g、雞蛋 2 個（打散）、小白菜（切段）80g
	C	醬料	味噌 20g、海山醬 20g、甜辣醬 20g、50℃溫水 30g、細砂糖 10g

1 地瓜粉、蓬萊米粉放入調理盆中，加入水。

2 用打蛋器拌匀成米漿糊後，放置 10 分鐘。

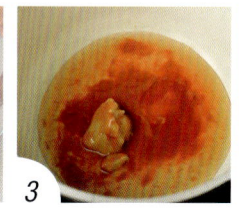

3 將醬料的所有材料倒入湯鍋中，以大火煮滾。

4 轉小火，煮至濃稠即關火備用。

5 所有配料分成兩份，沙拉油倒入平底鍋，放入蒜末，以小火炒香，再放入牡蠣稍微炒一下後，盛起。

6 將米漿糊倒入原來平底鍋，以中小火煎成圓片。

7 加入打散的蛋液。

8 放上小白菜段和炒好的牡蠣蒜末，蓋上鍋蓋，以中小火煎至一面金黃。

9 翻面後，續煎另一面至金黃色後盛盤，再淋上醬汁即可。

零失敗 Tips
- 米蚵仔煎適合現做現吃，不適合冷藏。
- 醬汁也可以用太白粉勾芡的做法，依個人喜好決定。
- 純地瓜粉漿皮會比較硬，所以我會加入一些蓬萊米粉，讓皮帶點柔軟的口感。

米粒類

鹹水餃

i Rice
I Love Rice Food

份量	18 個
火候	180 ℃
時間	炸 7 分鐘
最佳賞味期	室溫半天

材料

- **A 米皮**：糯米粉 200g、澄粉 20g、細砂糖 70g、滾水 150g、花生油 15g
- **B 內餡**：沙拉油 10g、蘿蔔乾（切碎）15g、蝦米（切碎）10g、豬絞肉 140g、去皮熟花生（切碎）20g、熟白芝麻 5g
- **C 調味料**：鹽 2g、細砂糖 6g、醬油 2g、香麻油 5g、白胡椒粉 1g
- **D 芡汁**：太白粉 2g、水 8g
- **E 其他**：沙拉油適量（油鍋用）

阿嬤時代最流行的 100 道米食點心　　　　　　　　　　　　　　　　　　　　　Part 3

1 糯米粉、澄粉、細砂糖放入調理盆，混合均勻。

2 加入滾水拌勻，待稍微降溫。

3 加入花生油，拌勻且光滑即為米漿糰備用。

4 沙拉油倒入平底鍋，放入蘿蔔乾碎、蝦米碎、豬絞肉，以小火炒至肉熟。

5 加入所有調味料炒均勻。

6 倒入拌勻的芡汁。

7 煮至滾，關火後待降溫，放入冰箱冷藏至稍微硬。

8 取出冰硬的內餡，加入去皮熟花生碎、熟白芝麻拌勻即為內餡。

9 米漿糰分成每個 25g 為米皮，內餡分成每個 10g 備用。

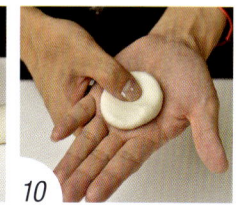

10 米皮搓圓後稍微壓扁。

11 包入 10g 內餡。

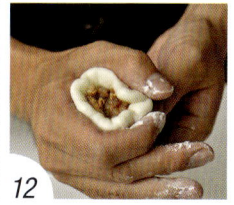

12 收口捏緊。

13 整成橢圓形，表面沾上少許澄粉防沾黏。

14 放入 180℃油鍋，炸約 7 分鐘至金黃。

15 撈起後瀝乾，盛盤即可。

零失敗 Tips

- 這道糕點適合現做現吃，不適合冷藏，容易造成米皮變硬。
- 外皮揉成糰就好，揉太久會軟化呈流狀。
- 米漿糰鬆弛 5 分鐘，油炸時比較不會出油。
- 油炸時外皮會膨脹，冷卻時會稍微縮。油炸至金黃色即可撈起，若炸太久則餡容易爆開。
- 內餡可以調整成喜歡的口味，例如：叉燒肉丁、海鮮料，但請留意調味料不宜太鹹。

米粒類

炒韓國年糕

| 份量 | 2 人份 | 火候 | 中火 | 時間 | 22 分鐘 | 最佳賞味期 | 室溫半天 |

| 阿嬤時代最流行的100道米食點心 | Part 3 |

材料

- **A** 米糰：糯米粉 90g、在來米粉 60g、50℃溫水 125g、沙拉油 10g
- **B** 配料：韓式泡菜 50g、青蔥（切段）20g、洋蔥（切絲）20g
- **C** 其他：沙拉油少許

1. 糯米粉、在來米粉、50℃溫水放入調理盆。
2. 用橡皮刮刀拌勻成團。 
3. 加入沙拉油。
4. 拌勻並揉成光滑米漿糰。 
5. 米漿糰分成6份。 
6. 搓成約8公分長條。 
7. 取少許沙拉油刷在米漿條表面。 
8. 放入已鋪好蒸籠紙的蒸籠中。 
9. 以中火蒸22分鐘至熟，關火。 
10. 取出年糕，待冷卻，切斜片。 
11. 放入少許沙拉油的平底鍋中，與韓式泡菜、青蔥段、洋蔥絲炒均勻即可。 

零失敗 Tips

- 這道料理適合現做現吃，若是尚未炒製前的生年糕，可以放入冰箱冷凍保存7天。
- 除了韓式泡菜之外，也能搭配豬肉、高麗菜，炒成台式口味。
- 韓式年糕為長條狀、寧波年糕為條狀切片，外形雖然不一樣，但配料相同。

米粒類

芋粿巧

I Love Rice Food

份量 10 個

火候 中火

時間 蒸 18 分鐘

最佳賞味期 室溫半天 冷藏 2 天

材料

A	米漿糰	在來米粉 40g、糯米粉 160g、滾水 140g
B	餡料	蝦米 20g、沙拉油 20g、紅蔥頭（切碎）15g、芋頭（切絲）120g
C	調味料	鹽 3g、香油 3g、白胡椒粉 2g、五香粉 2g
D	其他	沙拉油少許

阿嬤時代最流行的100道米食點心　　　　　　　　　　　　　　　　　　　Part 3

1. 在來米粉、糯米粉放入調理盆，混合拌勻後，加入滾水。

2. 拌勻成米漿糰，放涼備用。

3. 蝦米泡水至軟，瀝乾後切碎。

4. 沙拉油倒入鍋中，放入紅蔥頭碎、芋頭絲、蝦米碎炒勻。

5. 加入所有調味料炒勻，關火後待冷卻。

6. 將餡料與做法2的米漿糰拌勻。

7. 分成每個40g共10個。

8. 放在手掌上搓長。

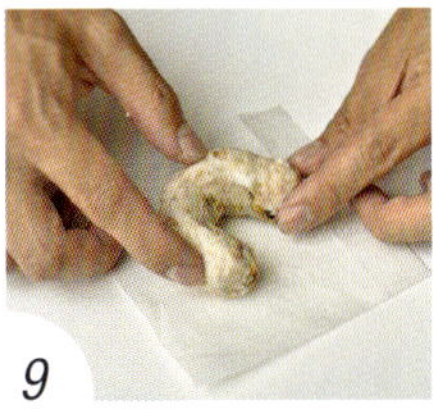

9. 放於方形的蒸籠紙上，整成彎月形。

10. 再稍微壓扁。

11. 刷上一層薄薄沙拉油，依序完成所有搓長及整形步驟。

12. 再排入蒸籠中，以中火蒸18分鐘至熟即可。

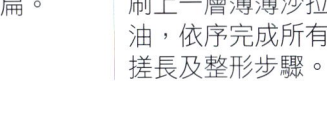

零失敗 Tips

- 芋粿巧冰過後，食用前需要用電鍋或蒸籠蒸熱。
- 米漿糰與餡料在拌的過程，如果太軟，則需要加適量糯米粉來調節軟硬度。
- 剛蒸好的芋粿巧後會比較軟，等稍微放涼，就會回復彈性口感。

草仔粿

米漿糰 / I Love Rice Food

份量 10個

火候 中火

時間 蒸17分鐘

最佳賞味期 室溫半天 / 冷藏2天

材料

A 米皮：糯米粉160g、蓬萊米粉40g、細砂糖20g、艾草粉10g、滾水150g、沙拉油10g

B 內餡：蝦米20g、沙拉油20g、紅蔥頭（切碎）15g、新鮮香菇（切丁）30g、蘿蔔乾（切碎）120g

C 調味料：香油2g、細砂糖1g

D 其他：粽葉4片、沙拉油少許

阿嬤時代最流行的 100 道米食點心　　　　　　　　　　　　　　　　　　　Part —— 3

1. 糯米粉、蓬來米粉、細砂糖與艾草粉放入調理盆中，混合均勻。
2. 加入滾水拌勻，再加入沙拉油。 
3. 拌勻成米漿糰，放涼備用。  
4. 粽葉放入熱水泡軟，撈起後瀝乾，每片剪成 3 段，刷上一層薄薄沙拉油。 
5. 蝦米泡水至軟，瀝乾後切碎。 
6. 沙拉油倒入鍋中，放入紅蔥頭碎、新鮮香菇丁、蘿蔔乾、蝦皮碎炒勻。 
7. 加入香油、細砂糖炒勻，關火後待冷卻。 
8. 冷卻的米漿糰分成每個 35g 共 10 個。 
9. 收圓後稍微壓扁。 
10. 包入 20g 內餡。 
11. 收口捏緊後搓圓。 
12. 鋪於粽葉上，刷一層薄薄沙拉油，依序完成所有包餡與抹油步驟。 
13. 放入蒸籠中，以中火蒸 17 分鐘至熟即可。  

零失敗 Tips
- 草仔粿冰過後，食用前需要用電鍋或蒸籠蒸熱。
- 在蒸的過程中，不宜用大火，會讓外皮太軟。
- 草仔粿於一些縣市老街或是節慶日子常常看見，其內餡有甜有鹹，可依個人喜好包裹。

125

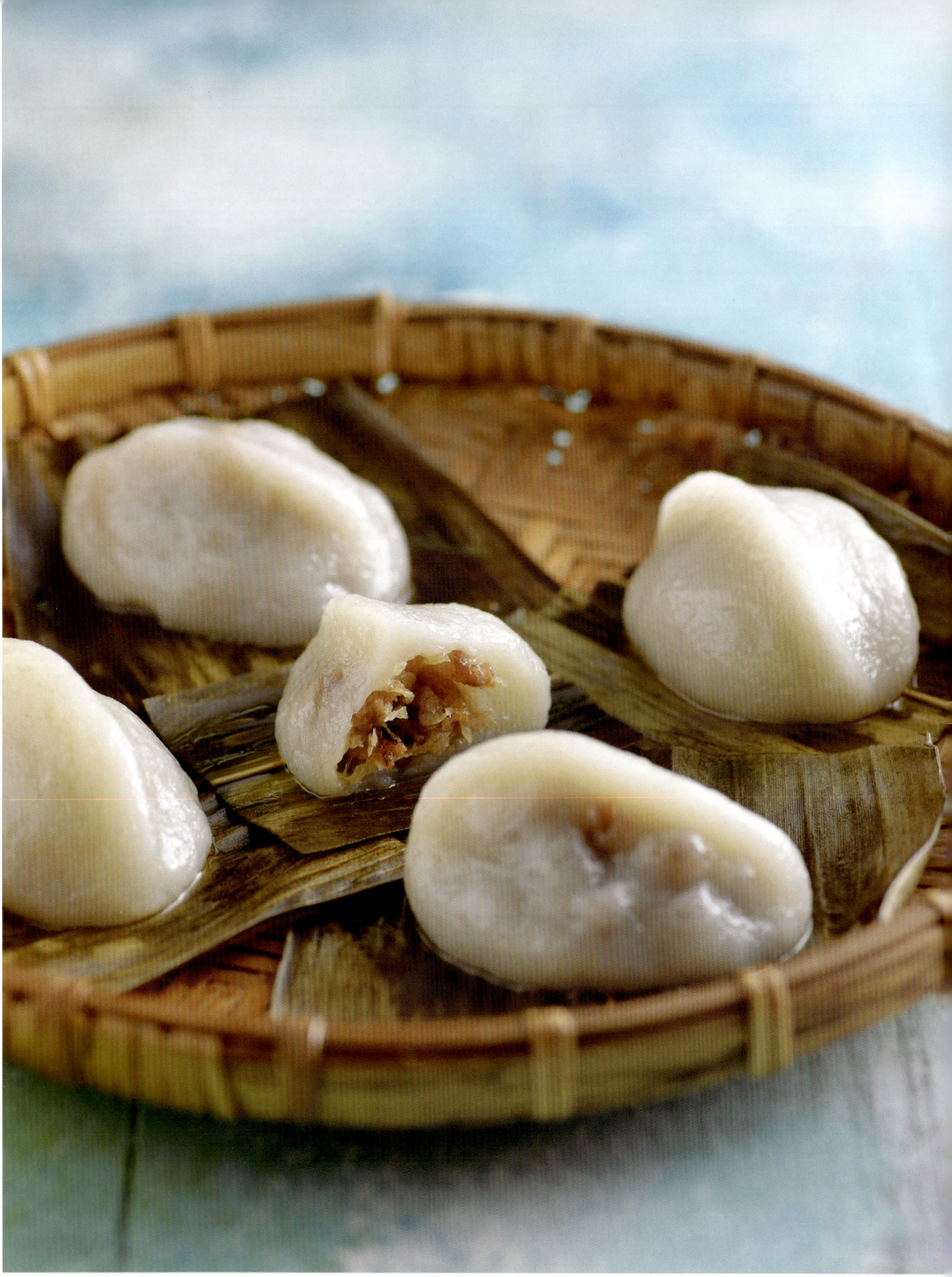

阿嬤時代最流行的100道米食點心　　　　　　　　　　　　　　　　Part 3

I Love Rice Food

米漿糰
菜包粿

份量	**10** 個
火候	**中火**
時間	**蒸 17** 分鐘
最佳賞味期	**室溫半天 / 冷藏 2 天**

材料

- **A　米皮**　糯米粉 160g、蓬萊米粉 40g、細砂糖 20g、滾水 140g、沙拉油 10g
- **B　內餡**　白蘿蔔（切絲）160g、鹽 3g、沙拉油 15g、蝦米 10g、紅蔥頭（切碎）20g、豬絞肉 40g
- **C　調味料**　醬油 2g、香油 3g、鹽 1g、細砂糖 1g、白胡椒粉 1g
- **D　其他**　粽葉 4 片、沙拉油少許

1 糯米粉、蓬萊米粉、細砂糖放入調理盆，混合均勻。

2 加入滾水拌勻。

3 再加入沙拉油，拌勻成米漿糰，放涼備用。

4 白蘿蔔絲加入鹽。

5 抓勻後待釋出水分。

6 粽葉放入熱水泡軟，撈起後瀝乾。

7 每片剪成 3 段。

8 刷上一層薄薄沙拉油；蝦米泡水至軟，瀝乾後切碎，備用。

9 沙拉油倒入鍋中，放入紅蔥頭碎、豬絞肉、白蘿蔔絲、蝦皮碎，以小火炒勻。

127

10 加入所有調味料炒勻，關火後待冷卻。

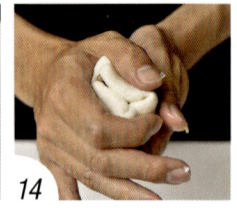

11 冷卻的米漿糰分成每個35g共10個。

12 收圓後稍微壓扁。

13 包入20g內餡。

14 收口捏緊後整成橢圓形。

15 上面捏成一條線。

16 再鋪於粽葉上，刷一層薄薄沙拉油，依序完成所有包餡與抹油步驟。

17 放入蒸籠。

18 以中火蒸17分鐘至熟即可。

零失敗 Tips

- 菜包粿放入冰箱冰過後，食用前需要用電鍋或蒸籠蒸熱。
- 內餡可以加入少許冬粉，做口味上的變化。
- 在蒸的過程中，不宜用大火，外皮容易太軟。

米漿糰

紅龜粿

I Love Rice Food

| 份量 **3** 個 | 火候 **小火** | 時間 **蒸 15 分鐘** | 最佳賞味期 **室溫半天 / 冷藏 2 天** |

材料

A 米皮　糯米粉 200g、細砂糖 50g、滾水 140g、甜菜根粉 10g、沙拉油 10g

B 內餡　紅豆沙餡 180g（P.30）

C 其他　粽葉 3 片、沙拉油少許

---

1. 糯米粉、細砂糖放入調理盆。
2. 加入滾水拌勻。 
3. 再加入甜菜根粉拌勻。 
4. 倒入沙拉油拌勻。
5. 再拌勻成米漿糰，放涼備用。 
6. 將冷卻的米漿糰分成 3 份。 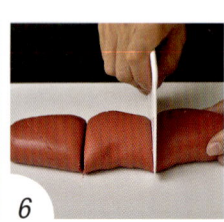
7. 紅豆沙餡分成 3 份。 
8. 每個米漿皮收圓後稍微壓扁。 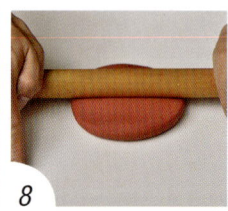
9. 包入 1 份紅豆沙餡。

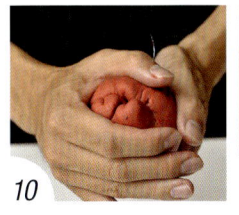

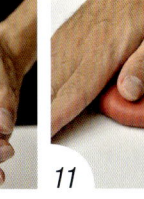

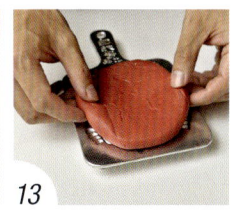

阿嬤時代最流行的100道米食點心　　　　　　　　　　　　　　　　　　　　Part 3

10 收口捏緊後整成圓形。

11 稍微壓扁。

12 在紅龜模刷上一層薄薄沙拉油。

13 將包紅豆沙餡的米漿糰壓入紅龜模成形。

14 蓋上一張蒸籠紙。

15 翻面後扣出，依續完成所有包餡及壓模步驟。

16 放入蒸籠。

17 以小火蒸15分鐘至熟即可。

零失敗 Tips

- 紅龜粿冰過後，食用前需要用電鍋或蒸籠蒸熱。
- 剛蒸好時會比較軟，必須稍微放涼使其回復彈性口感。
- 紅龜粿米漿糰勿壓太薄，而且因為比較扁，所以不適合用大火蒸，會容易塌陷。

米漿糰

芋籤粿

| 份量 | 孔洞方形模 **1** 個
（長 16× 寬 16× 高 7 公分） | 火候 | **中火** | 時間 | 蒸 **25** 分鐘 | 最佳賞味期 | 室溫半天
冷藏 2 天 |

| 材料 | A | 漿糊 | 在來米粉 50g、水 250g、細砂糖 50g、五香粉 3g、白胡椒粉 5g、鹽 3g、地瓜粉 75g |
| | B | 餡料 | 芋頭 400g |

阿嬤時代最流行的100道米食點心　　　　　　　　　　　　　　　　　　　　Part 3

1 芋頭去皮後刨成絲備用。

2 在來米粉、水、細砂糖、五香粉、白胡椒粉、鹽放入鍋中。

3 用打蛋器拌勻。

4 以小火加熱成濃郁的糊狀，關火。

5 等待微涼，加入地瓜粉。

6 用橡皮刮刀拌勻至無粉粒。

7 加入芋頭絲，再次拌勻即為芋頭漿糊。

8 於孔洞方形模鋪上一層烘焙紙（或蒸籠紙），倒入芋頭漿糊。

9 稍微壓緊實及抹平。

10 放入蒸籠。

11 以中火蒸25分鐘，取出。

12 放涼後切塊即可享用。

零失敗 Tips

- 芋籤粿冷藏後，食用前需要用電鍋或蒸籠蒸熱。
- 如果蒸的容器比較深，則蒸的時間需要視情況延長。
- 蒸完的芋籤粿可以直接食用，也能切塊後煎或炸食。
- 挑選有孔洞的模具，在蒸製時，水蒸氣能透過孔洞，比較能蒸出漂亮的糕粿，可以到烘焙材料行購買。

133

米漿糰

油蔥粿

| 份量 | 圓模 8 個（直徑 7 公分） | 火候 | 中火 | 時間 | 蒸 30 分鐘 | 最佳賞味期 | 室溫半天 / 冷藏 2 天 / 冷凍 7 天 |

材料

A 蔥油　沙拉油 100g、紅蘿蔔（切絲）20g、洋蔥（切絲）50g、紅蔥頭（切碎）20g、青蔥（切段）50g

B 米漿糊　在來米粉 150g、地瓜粉 50g、細砂糖 12g、鹽 6g、白胡椒粉 1g、雞粉 10g、水 360g、油蔥酥 25g

阿嬤時代最流行的100道米食點心　　　　　　　　　　　　　　　　　　　　Part 3

1. 沙拉油倒入平底鍋，加入所有蔥油材料。

2. 以小火慢慢拌炒15分鐘，關火，待冷卻。

3. 撈起紅蘿蔔絲、洋蔥絲、紅蔥頭碎與青蔥段即為蔥油。

4. 將米漿糊所有材料（除了油蔥酥外）混合拌勻。

5. 倒入平底鍋，用小火加熱，並不停攪拌直到米漿糊呈濃稠且柔軟團狀後，關火。

6. 加入15g油蔥酥、20g蔥油。

7. 用橡皮刮刀拌勻成米漿糰。

8. 在圓模內側刷上一層自製蔥油。

9. 將剩下的10g油蔥酥置入圓模底部。

10. 將做法7的米漿糰倒入圓模中，表面抹平。

11. 放入蒸籠，以中火蒸30分鐘至熟。

12. 取出放涼即可脫模。

零失敗 Tips

- 油蔥粿冰過後，食用前需要用電鍋或蒸籠蒸熱。
- 油蔥粿要糊化到有成團堆狀，與本書蘿蔔糕、芋頭糕做法有一點點不同。
- 米漿有糊化冷卻後較富彈性，也有未糊化蒸熟後切片，雙面煎至金黃呈脆皮的做法。
- 蒸好的油蔥粿可以直接食用，或放涼後切片，以小火煎至金黃，沾蒜蓉醬油膏食用即可。
- 自製蔥油可以冷藏保存7天，炒菜或炒肉時皆可取代沙拉油，不用爆香料即有香氣味，或是淋在蒸好的雞肉上。

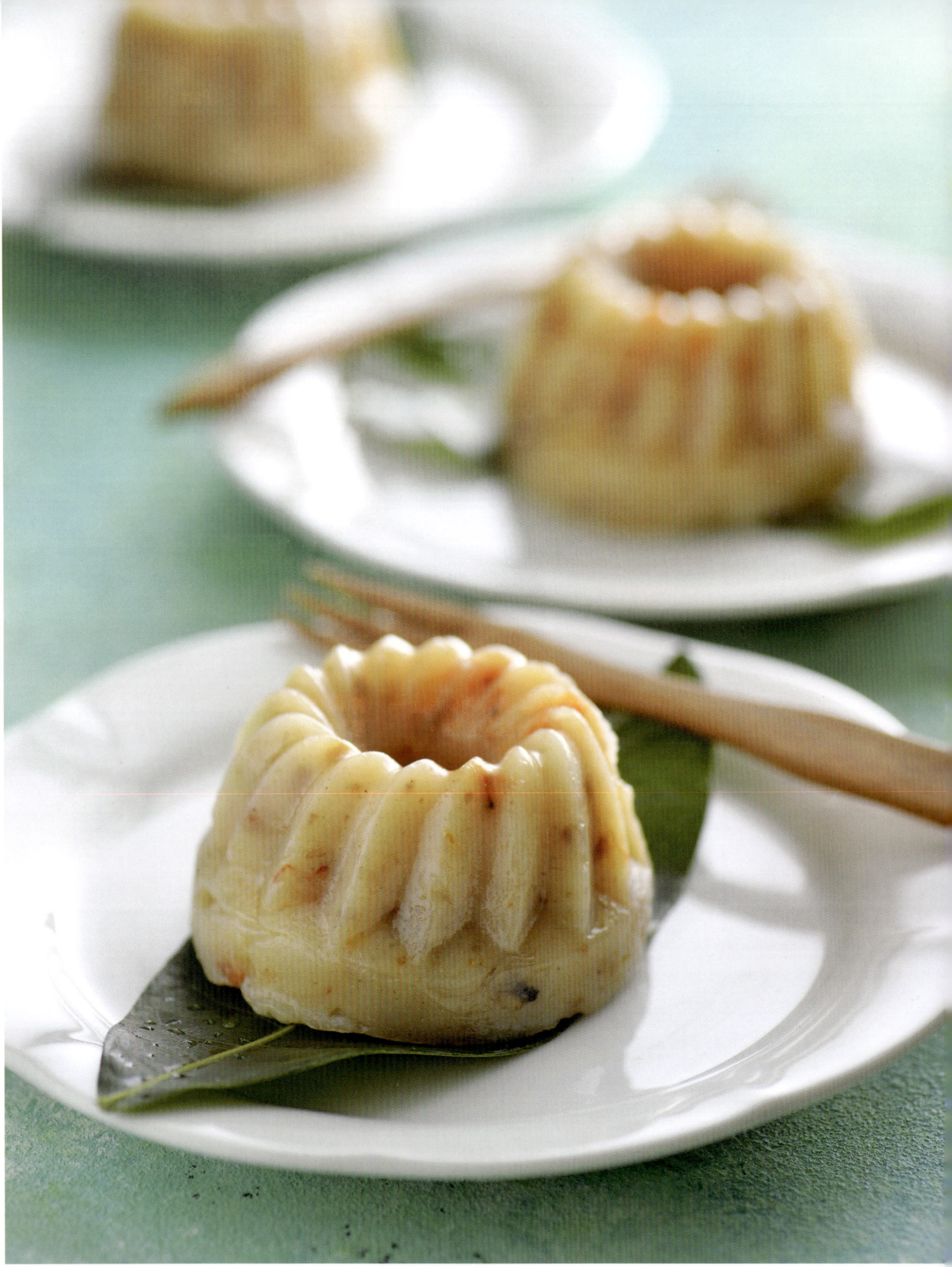

阿嬤時代最流行的100道米食點心　　　　　　　　　　　　　　　　　Part 3

I Love Rice Food

米漿糊

頂級 XO 粿

份量	**耐高溫矽膠模 6** 個（直徑 7 公分）
火候	**大火**
時間	**蒸 30** 分鐘
最佳賞味期	室溫半天 / 冷藏 2 天 / 冷凍 7 天

材料
- A 米漿糊　在來米粉 150g、糯米粉 75g、細砂糖 12g、水 360g
- B 調味料　鹽 3g、香油 6g、白胡椒粉 1g
- C 餡料　　沙拉油 20g、紅蔥頭（切碎）15g、櫻花蝦 20g（切碎）、XO 醬 100g

1. 在來米粉、糯米粉、細砂糖、水倒入調理盆。
2. 用打蛋器拌勻。 
3. 加入所有調味料拌勻。 
4. 再倒入平底鍋，以小火邊加熱邊攪拌至濃稠狀，關火後放置一旁。 
5. 沙拉油倒入另一個平底鍋，以小火炒香紅蔥頭碎、櫻花蝦碎、XO 醬。 
6. 餡料與濃稠米漿糊混合拌勻。 
7. 倒入耐高溫矽膠模，表面抹平。 
8. 放入蒸籠，以大火蒸 30 分鐘至熟。 
9. 取出脫模後放涼。 
10. 可以直接食用或切片煎至金黃色。 

零失敗 Tips
- XO 粿冰過後，食用前需要用電鍋或蒸籠蒸熱。
- 此道料理有添加 XO 醬，可讓傳統小吃更具價值感。
- 在加熱米漿糊時，需要一直攪拌，可以防止有硬顆粒產生。
- 剛蒸完出爐時會比較軟，需要放置微涼，使其回復 Q 彈口感。

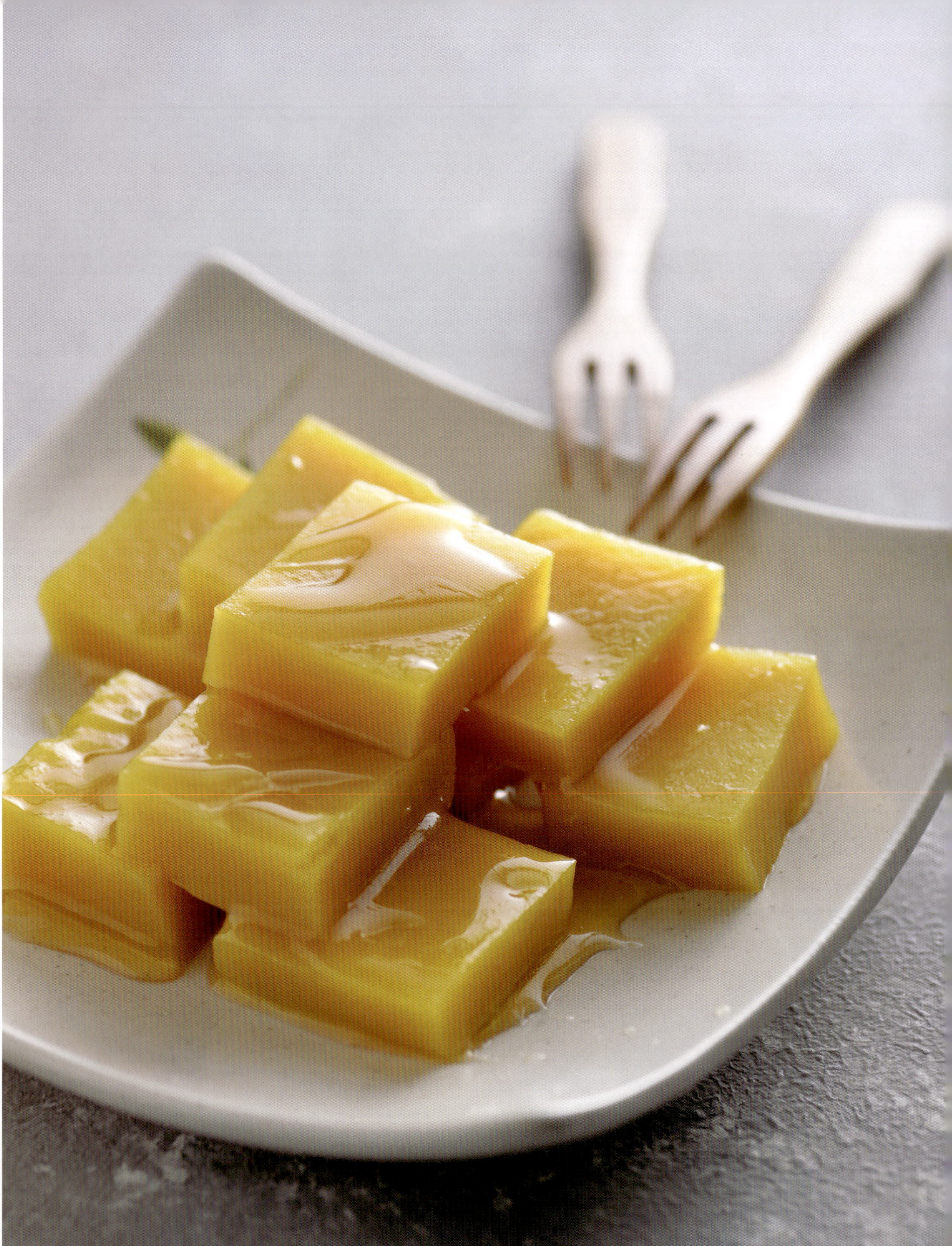

阿嬤時代最流行的 100 道米食點心　　　　　　　　　　　　　　　　Part 3

I Love Rice Food

米漿糰

蜜汁粳仔粿

份量	1 盤
火候	大火
時間	蒸 15 分鐘
最佳賞味期	室溫 1 天 / 冷藏 2 天

材料

- A　米皮　　蓬來米粉 150g、地瓜粉 100g、南瓜粉 30g、食用鹼水 3g、水 350g
- B　淋醬　　蜂蜜 30g
- C　其他　　沙拉油少許

1 蓬來米粉、地瓜粉、南瓜粉、食用鹼水與水，放入調理盆中。

2 用打蛋器將所有材料混合拌勻即為米漿糊。

3 淺鐵盤刷一層薄薄沙拉油。

4 倒入米漿糊。

5 在桌面輕敲數下讓米漿糊平整。

6 放入蒸籠，用大火蒸 15 分鐘，關火。

7 取出後，用切麵刀將四用周為稍插出空隙。

8 脫模，放涼後切塊盛盤，食用時淋上蜂蜜即可。

零失敗 Tips

- 這道糕點適合現做現吃，或是放入冰箱冷藏後冰食。
- 如果買不到食用鹼水，可以 1g 鹼粉：4g 熱水拌勻。
- 這道點心有用蓬來米製作，也有使用在來米製作，但在來米的口感比較硬。
- 市面上這類點心多數加入人工色素，在此以天然南瓜粉取代色素，更為健康。
- 石碇老街上常可看到販售，有紅豆及原味，如果喜歡紅豆，則可用紅豆取代南瓜。

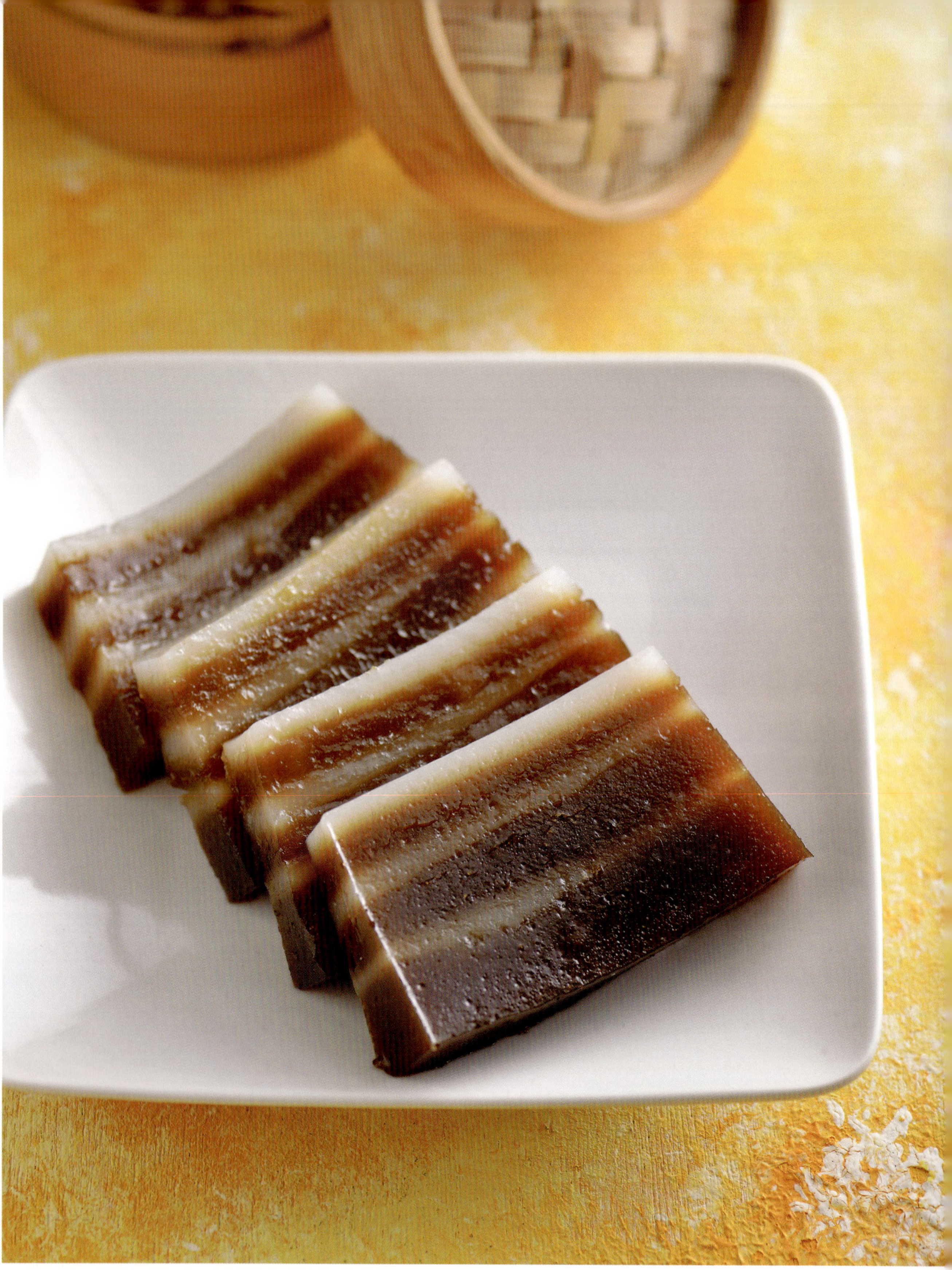

阿嬤時代最流行的 100 道米食點心　　　　　　　　　　　　　　　　　　　　　Part 3

米漿糊
客家黑糖九層粿

份量	**長方模 1 個**（長 19× 寬 10× 高 6 公分）
火候	**中火**
時間	**每一層蒸 10 分鐘 →　最後一層蒸 20 分鐘**
最佳賞味期	室溫半天 / 冷藏 3 天

材料

- **A** 米漿糊　在來米粉 250g、樹薯粉 50g、細砂糖 200g、水 900g
- **B** 顏色　　黑糖 150g
- **C** 其他　　沙拉油少許

1. 米漿糊所有材料放入調理盆。
2. 用打蛋器拌勻。 
3. 分成 1000g 與 400g 兩碗。 
4. 取 1000g 米漿糊放入平底鍋，以中火加熱至糊化，離火。 
5. 再加入 400g 米漿糊以降溫。 
6. 拌勻至濃稠，分成兩份。 
7. 取一份米漿糊加入黑糖。 
8. 拌勻成黑糖色米漿糊，另一份即為白色米漿糊。 
9. 長方模抹少許沙拉油。 
10. 先倒入一層白色米漿糊（約 200g） 

141

11 敲一敲使米漿糊平整。

12 放入蒸籠,用中火蒸 10 分鐘。

13 倒入一層黑糖色米漿糊(約 200g)。

14 放入蒸籠,以中火蒸 10 分鐘。

15 依做法 10、13 的步驟交錯倒入白色、黑糖色米漿糊,直到最後一層。

16 用中火蒸 20 分鐘至熟。

17 取出放涼,脫模。

18 切片就可以食用了。

零失敗 Tips

- 這道糕點冰過後,食用前需要用電鍋或蒸籠蒸熱。
- 也可以用造型空心模壓出喜歡的形狀。
- 裝盛的模具不要太深,可以縮短蒸的時間,並且容易熟。
- 蒸好時,若中間最厚的地方有像液體晃動即表示尚未完全熟,請繼續蒸 10 分鐘。

米漿糰

客家粄粽

I Love Rice Food

| 份量 **11** 個 | 火候 **中小火** | 時間 **蒸 25 分鐘** | 最佳賞味期 室溫半天 / 冷藏 2 天 |

材料

A 米皮　糯米粉 250g、在來米粉 125g、細砂糖 25g、滾水 260g、沙拉油 10g

B 內餡　沙拉油 15g、蘿蔔乾（切碎）80g、新鮮香菇（切丁）20g
紅蔥頭（切碎）20g、豬絞肉 40g、蝦米（切碎）10g

C 調味料　醬油 2g、香油 3g、白胡椒粉 1g、五香粉 1g

D 其他　粽葉 3 片、沙拉油少許

---

1 糯米粉、在來米粉、細砂糖放入調理盆中，加入滾水。

2 攪拌均勻。

3 倒入 10g 沙拉油。

4 用橡皮刮刀拌勻成團，稍微放涼備用。

5 15g 沙拉油倒入平底鍋，放入內餡所有材料，以小火炒到肉變白。

6 再加入所有調味料炒勻即為內餡。

7 粽葉放入熱水泡軟。

8 撈起後瀝乾，稍微放涼。

9 剪成葉子形共 11 片。

10 每片都刷上一層薄薄沙拉油備用。

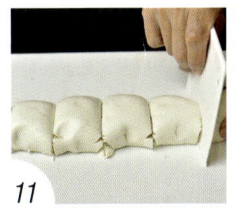

阿嬤時代最流行的 100 道米食點心　　　　　　　　　　　　　　　　　　　　　Part 3

11 將冷卻的米糰分成每個 60g；內餡分成每個 40g。

12 取 1 個米皮搓圓後稍微壓扁。

13 包入 1 份內餡，收口捏緊後搓成圓球後，稍微壓扁。

14 放於已經刷上沙拉油的粽葉上。

15 粽葉向上折好黏住米皮。

16 放入蒸籠。

17 以中小火蒸 25 分鐘至熟即可。

零失敗 Tips

- 粿粽放入冰箱冰過後，食用前需要用電鍋或蒸籠蒸熱。
- 內餡可依個人喜好做口味上變化。
- 若全部用糯米粉製作這款粿，成品比較軟且蒸好容易塌陷。

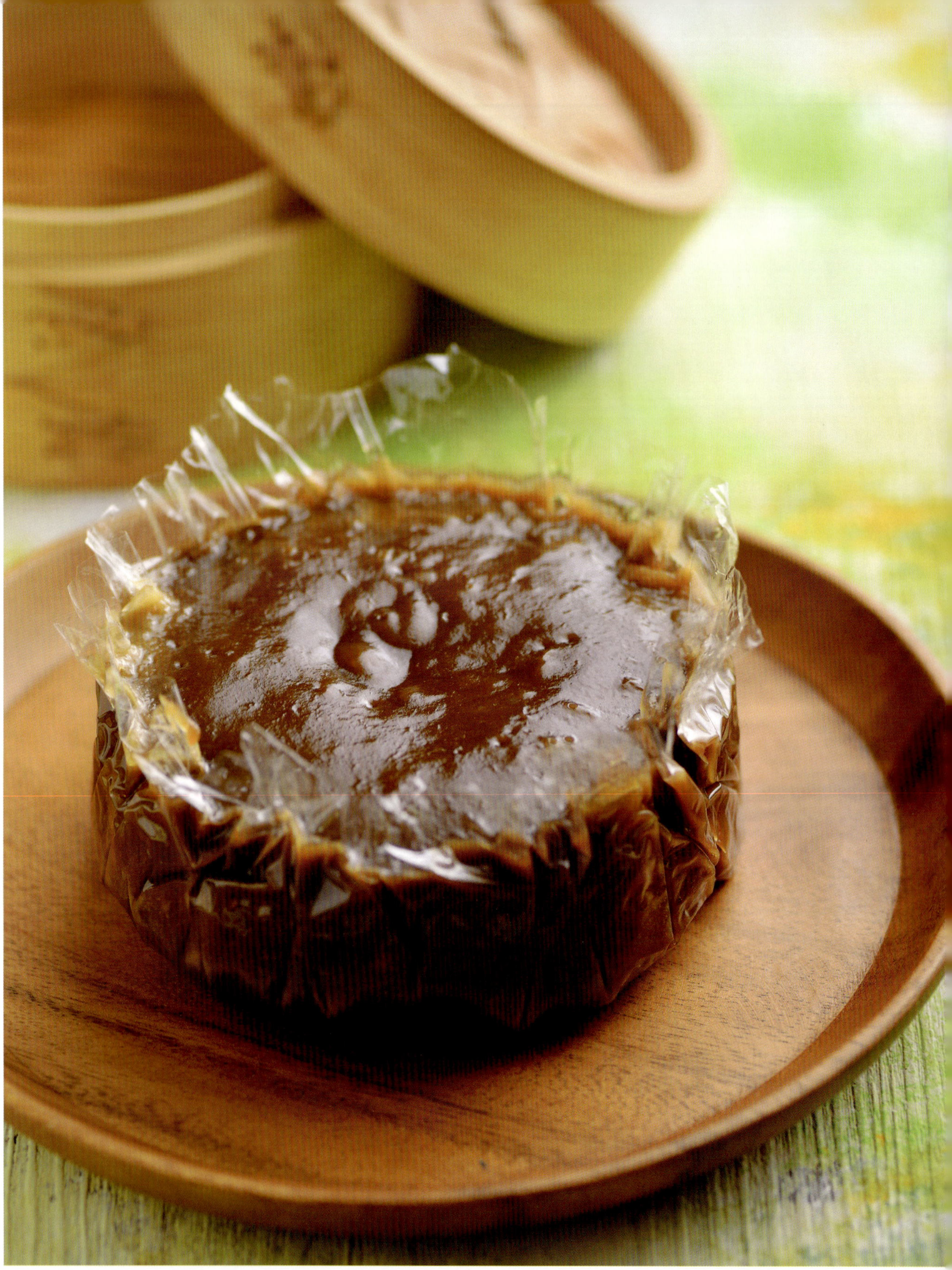

阿嬤時代最流行的 100 道米食點心　　　　　　　　　　　　　　　　Part 3

I Love Rice Food

米漿糰

甜年糕

份量	**6 吋圓模 1** 個
火候	**中火**
時間	**蒸 40** 分鐘
最佳賞味期	**室溫 1 天 / 冷藏 3 天**

材料　米漿糊　黑糖 140g、滾水 210g、糯米粉 240g、蓬來米粉 60g、水 40g、沙拉油 20g

1 黑糖放入滾水中。

2 黑糖與滾水拌勻，待涼。

3 取 1 張玻璃紙鋪於 6 吋圓模，備用。

4 糯米粉、蓬來米粉與水放入調理盆。

5 拌勻成米糊。

6 加入沙拉油，拌勻成米漿糊。

7 再倒入圓模中，輕敲數下使米漿糊平整。

8 用釘書機將玻璃紙固定。

9 再放入蒸籠。

10 以中火蒸 40 分鐘至熟，取出後待涼，再移除圓模。

零失敗 Tips

- 甜年糕放入冰箱冰過後，食用前需要用電鍋或蒸籠蒸熱。
- 甜年糕為過年時最常出現的糕點，意謂「步步高升」。
- 蒸完後還沒定型前，不可以移出圓模，不然會變形。
- 定型後可以直接食用，或是裹上一層麵粉、水和蛋調成麵糊，放入油鍋炸至金黃色即可。

147

米漿糰

芋頭糕

| 份量 | 長方模 **2** 個
（長 19× 寬 10× 高 6 公分） | 火候 | **大火** | 時間 | 蒸 **35** 分鐘 | 最佳賞味期 | 室溫半天
冷藏 2 天
冷凍 7 天 |

阿嬤時代最流行的100道米食點心　　　　　　　　　　　　　　　　　　　　Part 3

材料

- **A 米漿糊**　在來米粉 150g、細砂糖 12g、水 360g
- **B 餡料**　蝦米 20g、沙拉油 20g、紅蔥頭（切碎）15g、新鮮香菇（切丁）30g、芋頭（切絲）240g、蘿蔔乾（切碎）60g
- **C 調味料**　鹽 6g、白胡椒粉 1g、香油 6g

1. 在來米粉、細砂糖與水放入鍋中拌勻。
2. 以小火邊煮邊攪拌至濃稠狀，關火後待冷卻。 
3. 蝦米泡水至軟，瀝乾後切碎。 
4. 沙拉油倒入鍋中，放入紅蔥頭碎、新鮮香菇丁、芋頭絲、蝦米碎與蘿蔔乾碎，以小火炒香後，加入所有調味料炒勻。 
5. 盛出後與米漿糊混合拌勻。 
6. 再倒入長方模中。 
7. 用刮刀或飯匙抹平。 
8. 再放入蒸籠。 
9. 以大火蒸 35 分鐘至熟。 
10. 取出後放涼，脫模後切塊，可以直接食用，或放入平底鍋，以小火煎至金黃色。 

零失敗 Tips

- 芋頭糕冰過後，食用前需要用電鍋或蒸籠蒸熱。
- 米漿糊在加熱時，需要一直攪拌以防止有硬顆粒產生。
- 芋頭絲如果先和米漿糊一起加熱，則芋頭糕的紫色會比較明顯。

驢打滾

米漿糰

I Love Rice Food

份量	火候
2 捲	中火

時間
蒸 8 分鐘 → 8 分鐘

最佳賞味期
室溫 1 天

材料

- **A** 米皮　　糯米粉 150g、細砂糖 75g、水 200g
- **B** 內餡　　紅豆沙餡 100g（P.30）
- **C** 沾粉　　花生粉 50g
- **D** 其他　　沙拉油少許

阿嬤時代最流行的100道米食點心　　　　　　　　　　　　　　　　　　　Part 3

1 糯米粉、細砂糖和水放入調理盆。

2 用打蛋器拌勻。

3 以中火蒸8分鐘，再翻勻後，續蒸8分鐘至熟，並用沾水的擀麵棍搗成團狀。

4 取少許沙拉油倒入塑膠袋，用擀麵棍擀勻。

5 將做法3的米糰放入塑膠袋。

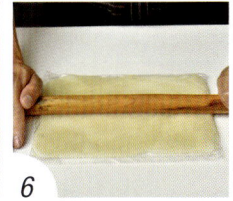

6 用擀麵棍擀平成為20×10公分的長方形。

7 剪開塑膠袋。

8 再準備一個塑膠袋，將紅豆沙餡放入塑膠袋，用擀麵棍擀平成為20×10公分的長方形（和米皮一樣大）。

9 剪開塑膠袋，再平鋪於米皮上。

10 像壽司一樣捲起來。

11 再放入冰箱冷藏至微硬，取出後撕開塑膠袋。

12 於外表裹上一層花生粉。

13 切塊即可食用。

零失敗 Tips

- 這道糕點適合現做現吃，不適合冷藏，否則皮容易變硬。
- 在平外皮及紅豆餡時，建議越薄越好，層次感會越多。
- 早期於外皮沾上黃豆粉，但黃豆粉的粉味重，所以改花生粉更佳。

芝麻花生麻糬

米漿糰

I Love Rice Food

份量 6個
火候 中火
時間 蒸 8分鐘→8分鐘
最佳賞味期 室溫1天

材料

A	米皮	糯米粉 150g、細砂糖 75g、水 200g
B	內餡	芝麻粉 130g、糖粉 20g、豬油 20g
C	沾粉	玉米粉 30g、花生粉 50g
D	其他	沙拉油少許

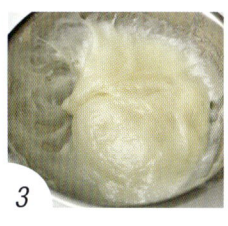

阿嬤時代最流行的100道米食點心　　　　　　　　　　　　　　　　　　Part ── 3

1 糯米粉、細砂糖和水放入調理盆，用打蛋器拌勻。

2 以中火蒸8分鐘，再翻勻後續蒸8分鐘至熟。

3 並用沾水的擀麵棍搗成團狀。

4 玉米粉放入鍋中，以小火微炒以去除生味。

5 芝麻粉與糖粉、豬油拌勻。

6 再分成6份（每個約25g），搓圓後放入冰箱冷凍至稍微硬即為內餡。

7 手戴上抹沙拉油的塑膠袋將做法3的米糰分成每個45g。

8 沾一層熟玉米粉後整成圓片。

9 包入1份內餡。

10 收口捏緊。

11 於外表裹上一層花生粉即可。

零失敗 Tips
- 這道糕點適合現做現吃，不適合冷藏，否則皮容易變硬。
- 配方的水添加越多，則外皮越軟。
- 內餡可以換成紅豆沙餡、綠豆沙餡、奶皇餡等。
- 內餡冰過會稍微變硬，比較好包，也不容易沾到外皮。

冰皮水果月餅

米漿糰

I Love Rice Food

份量 9個

火候 冷藏

時間 20分鐘

最佳賞味期
冷藏 3 天
冷凍 5 天

材料

A 米皮　　草莓 5 個、冷開水 65g、糕仔粉 110g、糖粉 80g、無鹽奶油 15g

B 內餡　　白豆沙餡 270g（P.28）、玉米粉少許

154

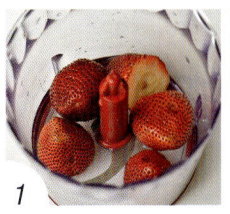

阿嬤時代最流行的100道米食點心　　　　　　　　　　　　　　　　　　Part 3

1 草莓洗淨後瀝乾,與冷開水放入食物調理機中,攪打成泥。

2 倒入調理盆中,再加入糕仔粉與糖粉拌勻。

3 再加入變軟的無鹽奶油拌勻成米糰,鬆弛20分鐘備用。

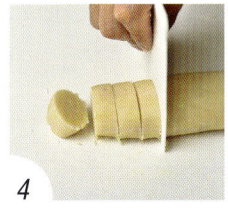

4 白豆沙餡分成9份(每個約30g)。

5 玉米粉放入鍋中,以小火微炒以去除生味,備用。

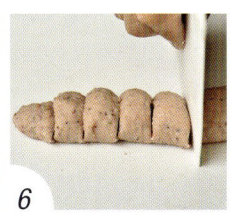

6 手沾上少許熟玉米粉,將米皮分成9份(每個約30g)。

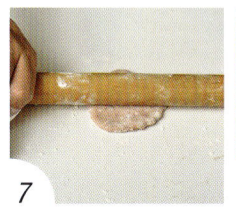

7 收圓後成圓形,沾一層熟玉米粉後擀成圓片。

8 包入1份白豆沙餡。

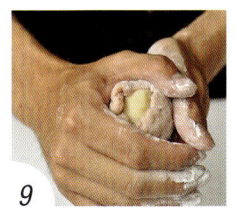

9 收口捏緊。

10 再壓入撒少許熟米粉的小月餅模。

11 壓好成形後扣出,依續完成其他8個,再放入冰箱冷藏20分鐘就可以吃了。

零失敗 Tips
- 這道糕點冰過後,食用前請放置室溫退冰即可食用。
- 內餡可以換成喜歡的豆沙餡口味。
- 外皮可以加入可可粉、抹茶粉變化風味及顏色。
- 米糰鬆弛後如果太軟,可以另外加入少許糕仔粉拌勻,調整至非液體狀態。

米漿糰

黑糖牛浣水

份量	火候
4人份	中火

時間

煮 8 分鐘

最佳賞味期

室溫 1 天
冷藏 2 天

材料

A	米皮	糯米粉 120g、水 75g
B	黑糖水	黑糖 50g、水 150g、薑（切片）20g
C	其他	去皮硬花生 30g

阿嬤時代最流行的100道米食點心　　　　　　　　　　　　　　　　　　　Part 3

1 糯米粉放入盆中，加入75g水拌勻。

2 再稍微抓成團。

3 取約1/3米糰放入滾水中，以中火煮成透明塊狀。

4 將煮到透明的米糰撈起，與原本的米漿糰混合拌勻。

5 用沾水的擀麵棍搗成耳垂般的軟度。

6 稍微整形後，放涼備用。

7 黑糖、150g水放入湯鍋，以大火煮滾後，加入薑片。

8 轉小火，煮約5分鐘至薑味出來，關火。

9 去皮硬花生排入烤盤中，放入160℃預熱好的烤箱，烤約3分鐘至香味出來。

10 取出後稍微切碎。

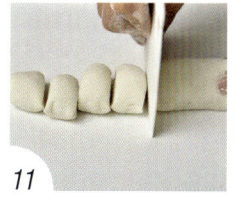

11 將糯米糰分成每個25g。

12 搓圓後，於中間稍微壓出一個凹洞。

13 再放入另一鍋滾水。

14 以中火煮約8分鐘至滾且浮起來。

15 撈起後盛入碗中，淋上黑糖水，撒上去皮硬花生碎即可。

零失敗 Tips

- 這道甜點放入冰箱冰過後，食用前需要用電鍋或瓦斯爐加熱。
- 除了熱食之外，加入冰的配料，也有另一種風味。
- 糯米糰中間壓出一個凹洞，可以讓糯米糰更容易煮熟。
- 米糰如果太硬，則可以另外加入少許水調整軟硬度。
- 牛浣水因為形狀像早期老牛在水池休息的模樣，所以取其名稱。

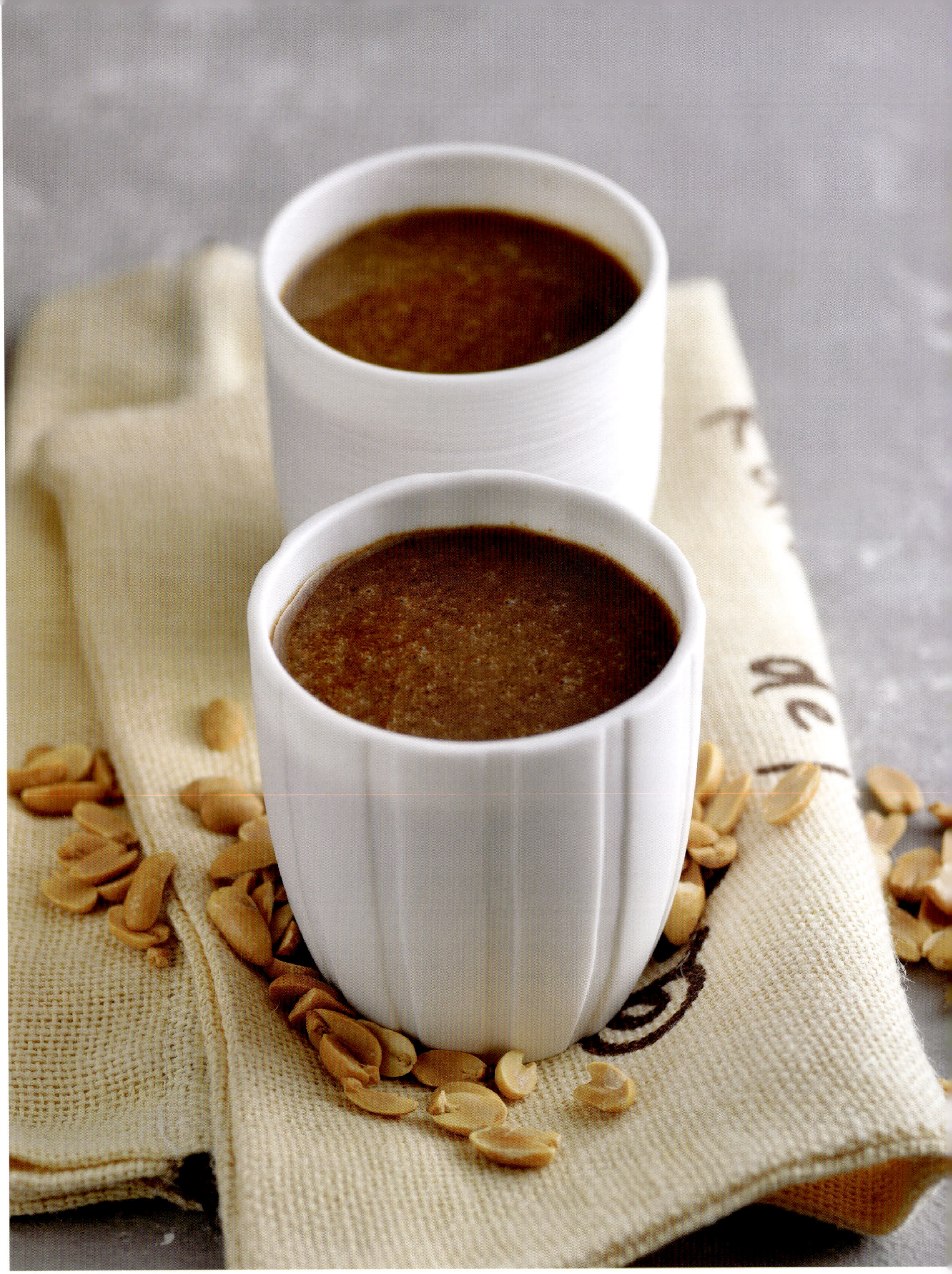

阿嬤時代最流行的100道米食點心　　　　　　　　　　　　　　Part 3

I Love Rice Food

米漿糰

花生米漿

份量	**6** 人份
火候	**中火**
時間	**煮 5** 分鐘
最佳賞味期	**室溫1天／冷藏2天**

材料

A 米漿　　去皮硬花生 60g、白米 25g、水 500g
B 調味料　細砂糖 100g

1 去皮硬花生排入烤盤中，放入以160℃預熱好的烤箱，烤約5分鐘至稍微焦

2 取出後與白米、水混合，浸泡約2小時。

3 倒入食物調理機。

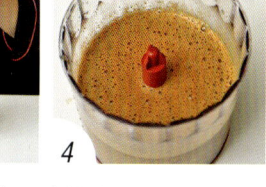

4 攪打均勻。

5 倒入湯鍋，以中火煮5分鐘，邊煮邊攪拌至滾。

6 加入細砂糖調整甜度，拌勻。

7 倒入食物調理機，攪打至細緻狀態即可倒出來。

零失敗 Tips

- 米漿適合熱飲、冰飲，若是要熱飲，食用前可以用電鍋或瓦斯爐加熱。
- 生米可以用隔夜白米飯替換。
- 在攪打第一次後煮滾，如果感覺還有米粒沙沙口感，則必須再倒回調理機攪打一次。
- 花生要烤到微焦，不然顏色會不夠深，但是太焦，則米漿會變苦，所以烘烤時間要控制好。

159

米漿糰

I Love Rice Food

核桃桂圓米蛋糕

| 份量 | 10 個 | 火候 | 170℃ → 190℃ | 時間 | 烤 5 分鐘 → 20 分鐘 | 最佳賞味期 | 室溫 3 天
冷藏 5 天 |

阿嬤時代最流行的100道米食點心　　　　　　　　　　　　　　Part 3

材料

A　米蛋糕　低筋麵粉 160g、蓬萊米粉 40g、泡打粉 2g、雞蛋（打散）200g、黑糖 90g、鹽 1g、無鹽奶油（融化）60g

B　餡料　桂圓肉 80g、蘭姆酒 50g

C　其他　核桃 90g

1　桂圓肉稍微切碎後，放入小碗中，倒入蘭姆酒，泡 2 小時入味後瀝乾，備用。

2　核桃切碎，排入烤盤，放入以 170℃ 預熱好的烤箱，烤約 5 分鐘到香味出來，取出備用。

3　低筋麵粉、蓬萊米粉與泡打粉混合均勻後過篩。

4　蛋液、黑糖、鹽放入調理盆，用電動打蛋器攪打至明顯膨脹。

5　加入做法 3 的粉料拌勻。

6　倒入融化的無鹽奶油液拌勻成米漿糊。

7　加入桂圓肉、2/3 份量的核桃拌勻。

8　再舀入蛋糕紙杯至七分滿，並撒上剩下的核桃。

9　放入以 190℃ 預熱好的烤箱。

10　烘烤約 20 分鐘至膨脹且呈金黃色即可。

零失敗 Tips

- 這款蛋糕冰過後，食用前需要用烤箱低溫加熱。
- 核桃也可以換成杏仁片，撒在米漿糊表面。
- 攪拌完成的米漿糊必須快速與粉料拌勻，不宜放太久，否則容易消泡。

米漿糰 芝麻球

I Love Rice Food

份量	火候
10 個	120 ℃

時間
炸 5～7 分鐘

最佳賞味期
室溫 1 天

材料

- **A　米皮**　　糯米粉 175g、細砂糖 45g、90℃熱水 100g、沙拉油 10g
- **B　內餡**　　紅豆沙餡 120g（P.30）
- **C　沾料**　　生白芝麻 80g

162

阿嬤時代最流行的100道米食點心　　　　　　　　　　　　　　　　　Part 3

1 糯米粉、細砂糖混合，倒入90℃熱水。

2 用橡皮刮刀拌勻成團。

3 加入沙拉油。

4 揉勻即為米漿糰。

5 米漿糰分成每個30g小塊。

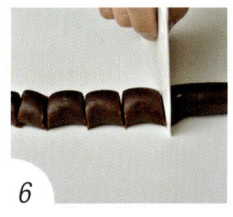

6 紅豆沙餡分成每個12g。

7 取1個米皮搓圓。

8 稍微壓扁。

9 包入1個紅豆沙餡。

10 收口捏緊後搓成圓球。

11 表面沾上一層水。

12 沾裹一層生白芝麻，再稍微揉定型。

13 放入120℃油鍋，以中小火炸5～7分鐘至浮起，轉大火。

14 炸至金黃且脹大。

15 撈起瀝乾油分即可。

零失敗 Tips

- 這道糕點適合現做現吃，不適合冷藏，否則皮容易變硬。
- 剛開始油炸時，溫度不能太高，不然會無法膨脹。
- 準備撈起來前要改大火，芝麻球才不會含太多油。

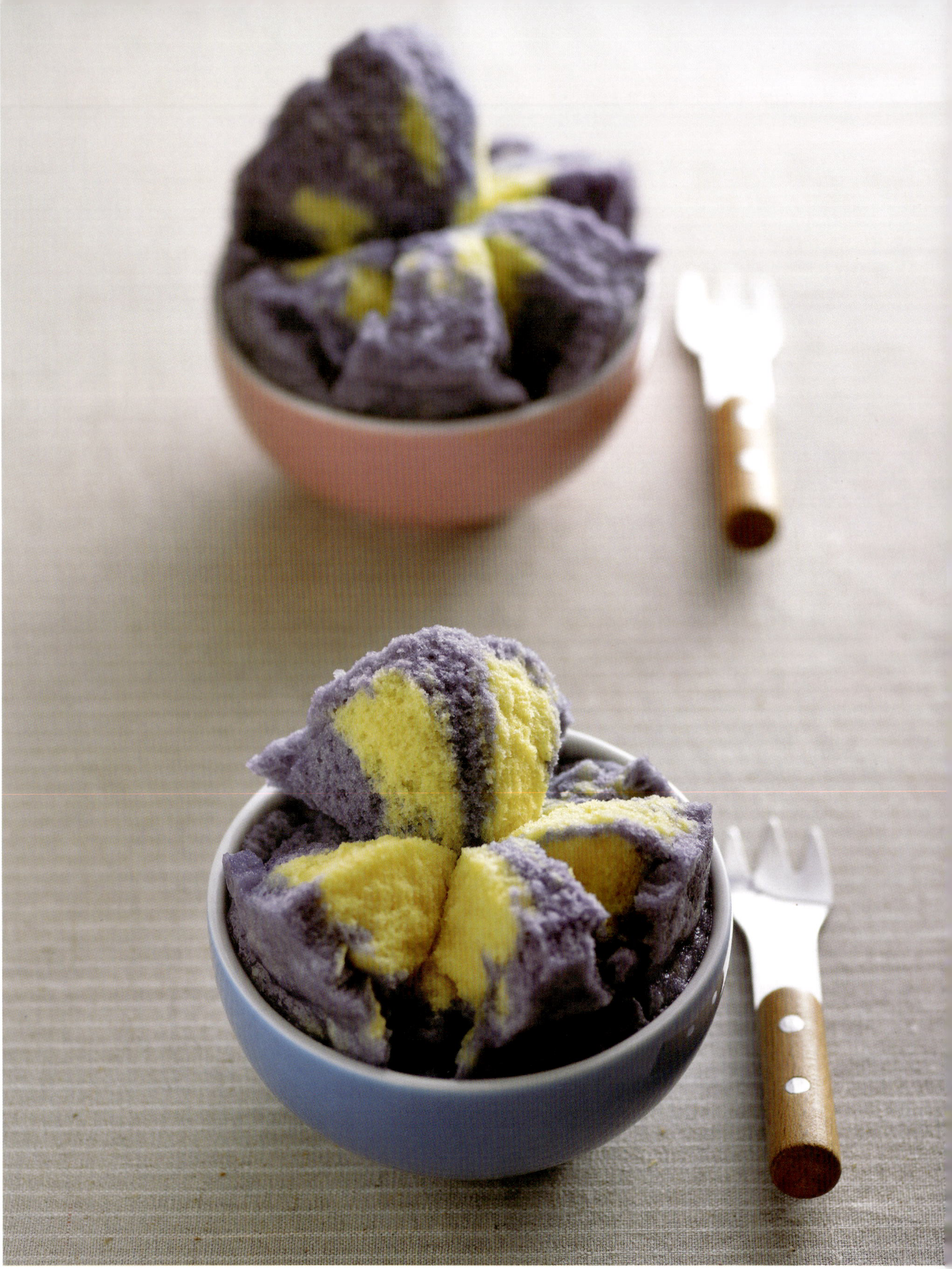

阿嬤時代最流行的100道米食點心　　　　　　　　　　　　　　Part 3

I Love Rice Food

米漿糰
花朵米發糕

份量	**碗形容器 6 個**（直徑 10 公分）
火候	**大火**
時間	**蒸 25 分鐘**
最佳賞味期	**室溫 1 天 / 冷藏 3 天**

材料

- **A** 米漿糊　在來米粉 180g、低筋麵粉 70g、細砂糖 160g、泡打粉 9g、水 230g
- **B** 顏色　　紫地瓜粉 15g、南瓜粉 15g

1. 在來米粉、低筋麵粉、細砂糖與泡打粉混合均勻。
2. 加入水。 
3. 用打蛋器拌勻後，分成兩份。 
4. 取份米漿糊與紫地瓜粉拌勻。 
5. 取另一份米漿糊與南瓜粉拌勻。 
6. 準備直徑約 10 公分碗形容器，先倒南瓜米漿糊至四分滿。 
7. 沿著碗邊將紫地瓜米漿糊倒入至八分滿，形成上下層不同顏色。 
8. 放入蒸籠中。 
9. 用大火蒸 25 分鐘至熟，且自然裂開像花朵即可。 

零失敗 Tips

- 發糕放入冰箱冰過後，食用前需要用電鍋或蒸籠蒸熱。
- 紫地瓜粉、南瓜粉可以用其他顏色的天然粉類替換。
- 在倒入第二層米漿糊時，務必沿著碗邊緣慢慢倒，才不會與第一個顏色混合了。

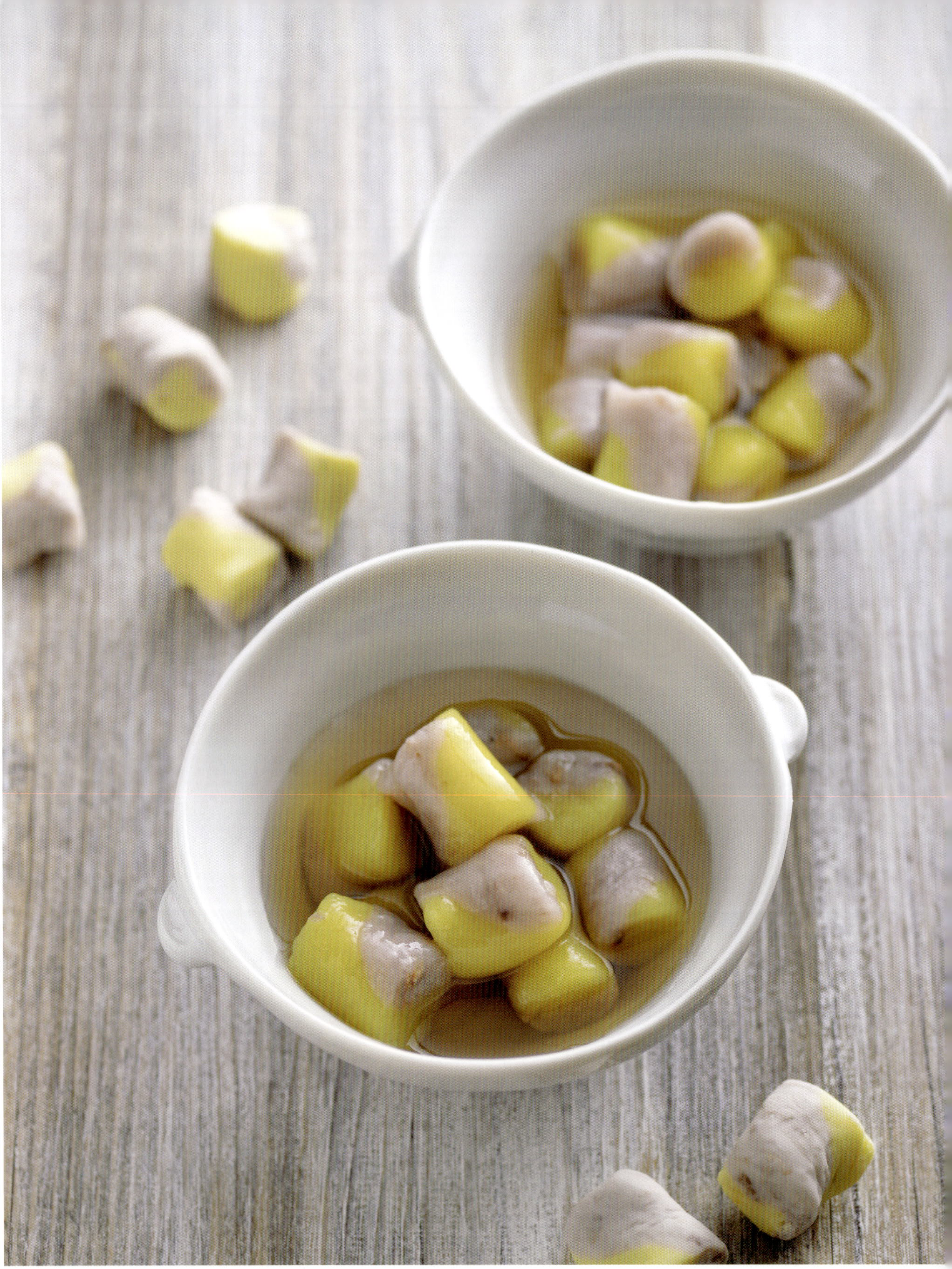

阿嬤時代最流行的 100 道米食點心　　　　　　　　　　　　　　Part 3

米漿糰
彩虹雙圓

份量	**6** 份
火候	**大火 → 中火**
時間	**蒸 15** 分鐘 **→ 煮 10** 分鐘
最佳賞味期	**室溫 1 天 / 冷藏 3 天 / 冷凍 14 天**

材料

A 米糰　　地瓜 200g、芋頭 200g、地瓜粉 160g、糯米粉 40g

B 糖水　　水 150g、二砂糖 50g

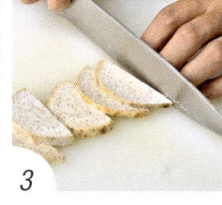

---

1 水加入二砂糖，以大火煮至糖融化，關火後放涼。

2 地瓜去皮後切片。

3 芋頭去皮後切片。

4 放入蒸籠，以大火蒸 15 分鐘至軟。

5 取出後趁熱分別搗成泥。

6 芋頭泥與 80g 地瓜粉、20g 糯米粉混合拌勻成糰；地瓜泥與 80g 地瓜粉、20g 糯米粉混合拌勻成糰。

7 取出拌勻的兩種顏色的米漿糰。

8 將黃色的米漿糰搓長。

167

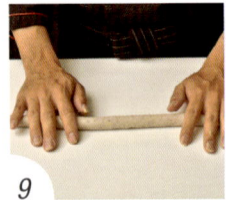

9 將紫色的米漿糰搓長。

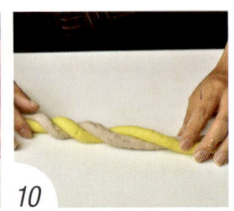

10 將搓長的兩種顏色米漿糰繞在一起，像細麻花捲一樣。

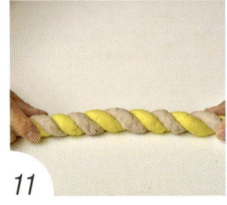

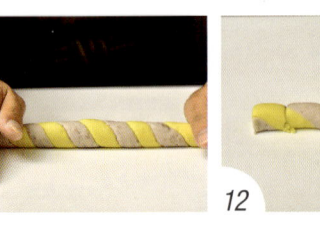

11 再搓長並滾緊，如麻花捲形。

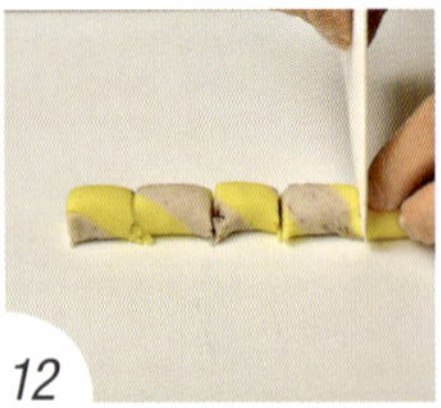

12 切 2 公分小段即為彩虹雙圓。

13 將彩虹雙圓放入滾水中。

14 以中火煮 10 分鐘至雙圓浮起來，撈起後盛入碗中。

15 淋上適量糖水即可食用。

零失敗 Tips

- 還沒烹煮前的地瓜圓、芋頭圓，可以放入冰箱冷凍，食用前用滾水煮熟即可。
- 芋頭、地瓜可以用南瓜、紅蘿蔔替換。
- 揉成彩虹形狀搓長時，米糰不宜太乾，否則容易散開而斷裂。
- 操作過程中，如果米糰太軟，可以加適量地瓜粉調整；若米糰太硬，則加入少許水調整。

米漿糰

黑糯米捲

I Love Rice Food

| 份量 | **2** 捲 | 火候 | **電鍋** | 外鍋水量 | **1** 量米杯 | 最佳賞味期 | **室溫 1 天** |

材料			
A	米皮	糯米粉 150g、椰漿 20g、水 190g、細砂糖 75g
B	內餡	核桃 30g、松子 30g、腰果 30g、黑糯米 130g、水 130g、細砂糖 50g
C	沾粉	椰子絲 50g
D	其他	沙拉油少許

1 糯米粉、椰漿、水、細砂糖放入調理盆，用打蛋器拌勻。

2 放入蒸籠，以中火蒸 8 分鐘後，取出後翻勻。

3 續蒸 8 分鐘至熟。

4 用沾水的擀麵棍搗成團。

5 取少許沙拉油倒入塑膠袋。

6 用擀麵棍擀勻。

7 將做法 4 的米糰放入塑膠袋。

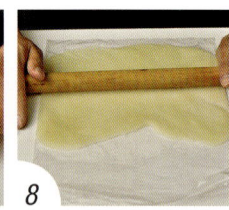

8 用擀麵棍擀平成為 20×10 公分長方形。

9 剪成大小一致的兩片即為米皮。

10 核桃、松子、腰果排入烤盤，放入以 180℃ 預熱完成的烤箱，烤約 5 分鐘至金黃。

阿嬤時代最流行的 100 道米食點心　　　　　　　　　　　　　　　Part 3

11 放涼後放入塑膠袋，用擀麵棍擀碎或用刀切碎。

12 黑糯米洗淨後泡水 2 小時，完全瀝乾水分。

13 加入水，放入電鍋，外鍋倒入 1 量米杯水，蒸熟至開關跳起來。

14 取出後趁熱與細砂糖拌勻。

15 待稍涼再拌入做法 11 的綜合堅果碎即為內餡。

16 剪開米皮的塑膠袋，放入內餡。

17 整成長狀。

18 並鋪在米皮上，慢慢捲起成為圓柱狀。

19 於米皮沾上一層椰子絲。

20 包裹一層保鮮膜，再放入冰箱冷藏至微硬，取出後切塊即可。

零失敗 *Tips*

- 這道糕點適合現做現吃，不適合冷藏，否則米皮會變硬。
- 在操作時若會黏手，雙手可以沾少許冷開水以防沾黏。
- 這是一道港點米食，如果不喜堅果類內餡，則能換成桂圓及葡萄乾。

171

米漿糰

桂圓倫教糕

| 份量 | 孔洞方形模 1 個
（長 16× 寬 16× 高 7 公分） | 火候 | 中火 | 時間 | 蒸 15 分鐘 | 最佳賞味期 | 室溫 1 天
冷藏 3 天 |

材料

- **A** 米漿糊　在來米粉 200g、細砂糖 100g、水 200g、速溶酵母 10g、水 30g、泡打粉 2g
- **B** 餡料　桂圓肉 40g

阿嬤時代最流行的100道米食點心　　　　　　　　　　　　　　　　　　　　　Part 3

1 桂圓肉切碎稍微切碎。

2 在來米粉、細砂糖、水倒入調理盆，用打蛋器拌勻。

3 倒入平底鍋，以小火邊加熱邊攪拌至濃稠狀，關火後放置一旁，待降溫至30℃左右。

4 加入桂圓肉。

5 用筷子拌勻即為米漿糊。

6 速溶酵母與水拌勻，再與泡打粉拌勻。

7 倒入做法5的米漿糊。

8 用筷子拌勻。

9 倒入較大的鋼盆，蓋上保鮮膜，發酵90分鐘至脹大。

10 於孔洞方形模鋪上一層烘焙紙（或蒸籠紙）。

11 倒入米漿糊。

12 發酵10分鐘。

13 放入蒸籠，以中火蒸15分鐘，取出，放涼後切塊即可。

零失敗 Tips

- 這道糕點冰過後，食用前需要用電鍋或蒸籠蒸熱。
- 可以用其他小模具壓出喜歡的形狀。
- 裝盛的容器不建議太深，這樣能避免蒸的時間太久且不容易熟。
- 倫教糕又稱白糖糕，為廣東小吃，蒸時帶些孔洞並有淡淡的米香味。

米漿糰
紫玉涼糕

| 份量 | 方形模 **1** 個
（16×16×4公分） | 火候 | **大火** | 時間 | 每一層蒸 **6** 分鐘 →
最後一層蒸 **15** 分鐘 | 最佳賞味期 | 室溫 **1** 天
冷藏 **2** 天 |

材料

A	米漿糊	紫山藥 150g、水 200g、椰漿 225g、細砂糖 100g、在來米粉 50g、蓮藕粉 75g、樹薯粉 25g
B	沾粉	椰子粉 50g
C	其他	沙拉油少許

174

阿嬤時代最流行的100道米食點心　　　　　　　　　　　　　　　　　　　　　　　　Part 3

1 紫山藥去皮，切塊。

2 放入電鍋，外鍋倒入1量米杯水，蒸熟至開關跳起來。

3 將蒸熟的山藥與水、椰漿、細砂糖放入食物調理機，攪打成汁。

4 倒入調理盆後，加入在來米粉、蓮藕粉、樹薯粉。

5 用打蛋器混合拌勻即為米漿糊。

6 在方形模內側及底部刷上一層薄薄沙拉油。

7 將米漿糊倒入方形模薄薄一層。

8 在桌面輕敲數下讓米漿糊平整。

9 放入蒸籠中，以大火蒸6分鐘。

10 再倒入一層米漿糊。

11 從做法7～10米漿糊共分6次蒸好，最後一層蒸15分鐘至熟。

12 取出後脫模。

13 待冷卻，切塊，表面沾椰子粉即可。

零失敗 Tips

- 這道糕點適合現做現吃，或是放入冰箱冷藏後涼涼吃。
- 蓮藕粉可以換成喜歡的紫地瓜粉、南瓜粉等，做不同顏色及風味的涼糕。
- 分層蒸會比較容易蒸熟，如果一次蒸，則會容易產生中間部分不易熟透。

米漿糰

熊腳印紅豆年糕

| 份量 | 熊掌模 10 個（直徑 7 公分） | 火候 | 中火 | 時間 | 蒸 40 分鐘 | 最佳賞味期 | 室溫 1 天
冷藏 3 天 |

材料

- **A** 米漿糊　黑糖 140g、滾水 210g、糯米粉 240g、蓬萊米粉 60g、沙拉油 20g
- **B** 餡料　　紅豆粒餡 120g（P.31）
- **C** 其他　　沙拉油少許

176

阿嬤時代最流行的100道米食點心　　　　　　　　　　　　　　　　　　　　　Part 3

1 黑糖加入滾水中。

2 混合拌勻至糖溶解，放置待稍微涼。

3 加入糯米粉、蓬萊米粉。

4 用打蛋器拌勻成米糊。

5 加入沙拉油拌勻。

6 再加入紅豆粒餡，輕輕拌勻即為年糕糊。

7 在熊模具的內側及底部刷上一層薄薄沙拉油。

8 將年糕糊倒入模具，表面抹平。

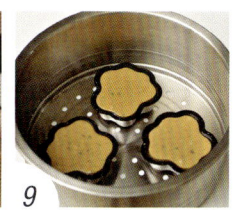

9 放入蒸籠。

10 用中火蒸40分鐘至熟。

11 取出後脫模，放涼後即可。

零失敗 Tips

- 年糕冰過後，食用前需要用電鍋或蒸籠蒸熱。
- 年糕添加的紅豆粒餡，可以依個人喜愛變化豆類餡，例如：綠豆沙餡、花豆沙餡。
- 蒸完後還沒定型前不可移出模子，不然會變形。
- 在定型後可以直接食用，或是加入適量麵粉、水、蛋混合調成麵糊，再油炸食用。
- 若沒有動物造型模，可以用傳統甜年糕做法，用玻璃紙（或是油紙）裝盛，也可以選擇防沾黏圓模，就不會有玻璃紙黏在年糕的問題了。

花好月圓

米漿糰

I Love Rice Food

份量	4人份
火候	180℃
時間	炸 3 分鐘
最佳賞味期	室溫半天

材料

- **A** 米皮　　糯米粉 150g、滾水 60g、冷水 60g、沙拉油 7g、紅麴粉 2g
- **B** 沾粉　　太白粉 30g
- **C** 其他　　沙拉油適量、花生粉 40g、細砂糖 15g、葡萄乾 20g

阿嬤時代最流行的 100 道米食點心　　　　　　　　　　　　　　　　　　　　　　　Part ── 3

1 糯米粉與滾水拌勻，再加入冷水。

2 混合拌勻成團。

3 倒入沙拉油。

4 拌勻且揉到光滑即為米漿糰。

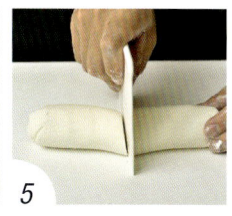

5 將米漿糰分成兩份。

6 一份為白漿糰，另一份拌入紅麴粉。

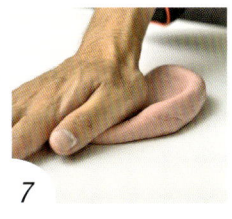

7 揉均勻即為紅色米漿糰。

8 分別切割成每個 5g 小湯圓。

9 搓圓後表面撒上少許太白粉防沾黏。

10 準備一鍋沙拉油，以中火加熱至 180℃後，放入小湯圓，油炸約 3 分鐘至金黃。

11 撈起後瀝乾油分盛盤，趁熱撒上拌勻的花生粉細砂糖，再撒上葡萄乾即可。

零失敗 Tips

- 這道糕點適合現做現吃，不適合冷藏，能避免米皮變硬。
- 外皮可以加入少許可可粉、抹茶粉變化外皮顏色及風味。
- 這道炸湯圓是常在喜宴上吃到的經典點心，祝福新人，意謂花好月圓。
- 油炸時要分批放入油鍋，不然糯米在加熱時容易糊化而黏在一起。
- 油炸時容易遇到高溫爆掉，以及外形還沒硬化，放冷時就容易塌陷內凹的問題。

179

米漿糊
紅豆缽仔糕

| 份量 | 淺碗 **8** 個（直徑 10 公分） | 火候 | **中火** | 時間 | **蒸 25** 分鐘 | 最佳賞味期 | 室溫 1 天
冷藏 3 天 |

材料

- **A** 米漿糊　　在來米粉 250g、玉米粉 50g、水 400g、細砂糖 200g、椰奶 70g
- **B** 餡料　　　紅豆粒餡 150g（P.31）
- **C** 其他　　　沙拉油少許

阿嬤時代最流行的100道米食點心　　　　　　　　　　　　　　　　　　　　　　　　Part 3

1 在來米粉、玉米粉、水、細砂糖和椰奶放入調理盆。

2 用打蛋器拌勻。

3 再倒入平底鍋，以小火邊加熱邊攪拌至濃稠狀，關火。

4 將米漿糊分成兩份，1份加入100g的紅豆粒餡拌勻。

5 另一份為白色米漿糊。

6 準備8個淺碗，並在內層刷上一層薄薄的沙拉油。

7 將紅豆米漿糊挖入其中4個淺碗至九分滿。

8 用橡皮刮刀整形。

9 放上少許剩的紅豆粒餡；白色米漿糊倒入另外4個淺碗至九分滿，放上少許剩的紅豆粒餡。

10 抹刀沾少許水，將每個缽仔糕抹平，放入蒸籠。

11 以中火蒸25分鐘至熟取出，放涼即可。

零失敗 Tips

- 這道糕點冰過後，食用前需要用電鍋或蒸籠蒸熱。
- 除了紅豆之外，蜜八寶也非常適合。
- 這是香港街上常見的米食小吃，蒸製時不建議用太深的碗，避免蒸的時間太久且不容易熟。

叉燒腸粉

米漿糰

I Love Rice Food

份量	火候
5人份	大火

時間
每一層蒸 2～3 分鐘

最佳賞味期
室溫半天

材料

- **A 米漿糊**　在來米粉 125g、地瓜粉 30g、鹽 1g、水 325g
- **B 內餡**　叉燒肉 70g、香菜 20g
- **C 醬料**　淡醬油 30g、水 20g

阿嬤時代最流行的 100 道米食點心　　　　　　　　　　　　　　　　　　　　　　　Part — 3

1. 調理盆中放入來米粉、地瓜粉與鹽，再加入水。
2. 混合拌勻即為米漿糊，放置 20 分鐘鬆弛備用。 
3. 叉燒肉切片；香菜取葉。 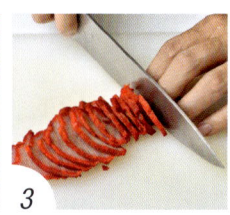
4. 淡醬油與水煮滾即為醬料（如果太鹹，則可以另外加少許細砂糖調整），備用。 
5. 準備一個孔洞方形模，鋪上一層濕的蒸籠布，用刷子將水分刷均勻。 
6. 倒入一層薄薄米漿糊（約 50g），放入蒸籠。 
7. 以大火蒸 2～3 分鐘後取出即為腸粉皮，依此步驟倒入及蒸的動作至米漿糊蒸完。 
8. 在腸粉皮上鋪適量叉燒肉片、香菜。 
9. 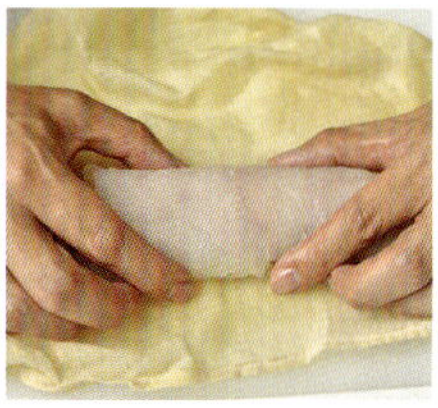 小心捲起包覆後切段。 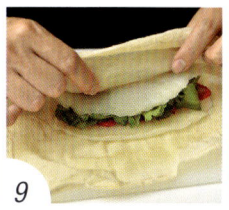
10. 盛盤，淋上醬料即可。 

零失敗 Tips

- 腸粉適合現做現吃，不適合冷藏，否則皮容易變硬。
- 調好的米漿糊需要時間鬆弛，可使米漿糊更細緻。
- 內餡除叉燒肉之外，蝦仁、油條也是常使用的食材。
- 如果腸粉皮做比較厚，則適合切條當粉條拌炒餡料。
- 取出蒸好的腸粉皮時，如果發現蒸籠布會沾黏，則表示蒸籠布需要重新洗乾淨，否則會越來越容易沾黏而影響成敗。

心太軟

米漿糰

I Love Rice Food

份量 2 人份

火候 小火

時間 煮 10 分鐘 → 5 分鐘 → 3 分鐘

最佳賞味期 室溫 1 天 冷藏 3 天

材料

A	米皮	糯米粉 50g、滾水 40g、沙拉油 5g
B	其他	紅棗（去籽）40g、50℃溫水適量、細砂糖 30g、水 60g、乾燥桂花 2g

184

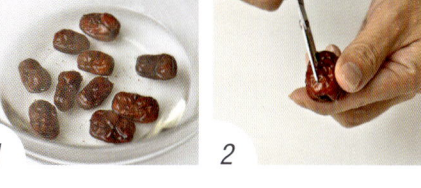

阿嬤時代最流行的100道米食點心　　　　　　　　　　　　　　　　　　　　Part 3

1 紅棗用適量 50℃ 溫水泡開。

2 瀝乾水分後，再剪開一半，去籽備用。

3 糯米粉與滾水拌勻後，加入沙拉油拌揉均勻成團。

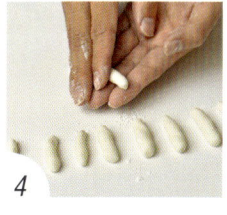

4 揉成小條數段（與去籽紅棗一樣長）。

5 塞入去籽的紅棗開口即為心太軟。

6 若糯米條比較長，可以用剪刀去掉。

7 放入滾水中，以小火煮約 10 分鐘至中心熟。

8 撈起後瀝乾水分盛盤。

9 細砂糖、水一起煮滾，以小火煮約 5 分鐘至稍微濃縮糖汁，再加入乾燥桂花拌勻。

10 待桂花香味產生，加入心太軟，續煮 3 分鐘使表面均勻沾到糖漿即可。

零失敗 Tips

- 心太軟適合熱食、冷食，若需要加熱，則食用前放入電鍋或蒸籠蒸熱即可。
- 請挑選紅棗形完整，且中等尺寸最佳。
- 也有用低溫油浸泡方式取代煮紅棗，各有不同口感，就依個人喜好決定。

米漿糰

水果酒釀甜湯圓

I Love Rice Food

份量 3～4 人份

火候 中火 → 小火

時間 煮 5 分鐘 → 3 分鐘

最佳賞味期 室溫半天 冷凍 7 天

材料

A	外皮	糯米粉 200g、滾水 160g、沙拉油 10g
B	內餡	紅豆沙餡 100g（P.30）
C	配料	草莓 30g、奇異果果肉（綠色）30g、水蜜桃果肉 30g、雞蛋（打散）1 個
D	酒釀糖水	酒釀 50g、水 200g、細砂糖 20g

阿嬤時代最流行的 100 道米食點心　　　　　　　　　　　　　　　　　　　　Part 3

1. 糯米粉與滾水拌勻。
2. 加入沙拉油，拌揉均勻為米漿糰。 
3. 草莓洗淨後瀝乾，切丁。 
4. 奇異果果肉、水蜜桃果肉切丁，備用。 
5. 米漿糰分成兩份。 
6. 取一份切成每個 25g，共 10 個。 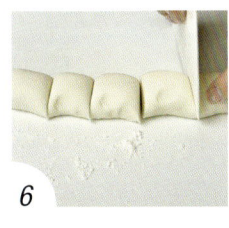
7. 另一份切成每個 5g，共 24 個。 
8. 全部揉成圓形。 
9. 紅豆沙餡分成每個 10g，備用。 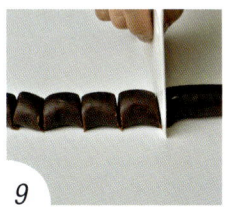
10. 手沾少許另外的糯米粉，取每個 25g 米漿皮，包入 1 份紅豆沙餡。 
11. 揉圓即為大湯圓。 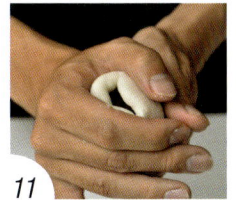
12. 將大小湯圓放入滾水中，以中火煮 5 分鐘至湯圓浮起來，撈起後盛起。 
13. 酒釀糖水的材料放入湯鍋煮滾。 
14. 加入所有水果丁、大小湯圓，以小火煮約 3 分鐘。 
15. 倒入蛋液煮熟即可。 

零失敗 Tips
- 還沒烹煮的湯圓，可以放入冰箱冷凍，食用前用瓦斯爐煮熟即可。
- 紅豆沙餡可以換成芝麻餡、花生餡等。

米漿糰

Rice
I Love Rice Food

可愛熊熊湯圓

份量	火候
2 人份	中火

時間

煮 5 分鐘

最佳賞味期

室溫 1 天
冷凍 7 天

材料

A	米皮	糯米粉 200g、滾水 160g、沙拉油 10g
B	顏色	可可粉 30g、黑巧克力 30g
C	黑糖水	黑糖 40g、水 200g

188

阿嬤時代最流行的100道米食點心　　　　　　　　　　　　　　　　　　　　　　Part 3

1 糯米粉與滾水拌勻，加入沙拉油拌揉均勻為米漿糰，分成3份（200g、100g、60g）。

2 全部揉成大小不同形狀的圓形。

3 其中100g為白色米漿糰；200g與可可粉拌勻為淺咖啡色米漿糰。

4 黑巧克力隔熱水加熱，拌至融化。

5 黑糖、水放入湯鍋，以大火隔熱水加熱後，將黑巧克力與60g米漿糰拌勻為深咖啡色米漿糰。

6 將淺咖啡色米漿糰分成8個搓圓；白色分成8個大圓及9個小圓；深咖啡色米漿糰分成12個小圓（做鼻子眼睛）及8根細條（做鬍子），備用。

7 先製作熊掌：取出1個淺咖啡色米漿糰、1個白色圓及3個小圓。

8 將熊掌組合完成，陸續完成4個熊掌。

9 接著製作熊臉並組合，黏合時先沾些水幫助黏合，陸續完成4個熊臉。

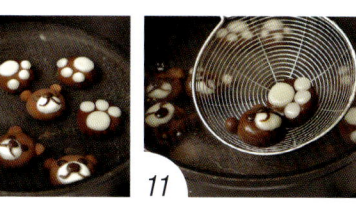

10 將熊湯圓放入滾水。

11 以中火煮5分鐘至湯圓浮起來，撈起後盛入碗中。

12 黑糖、水放入湯鍋，以大火煮滾且糖溶解為黑糖水。

13 黑糖水適量淋於熊湯圓即可。

零失敗 Tips
- 還沒烹煮前的湯圓，可以放入冰箱冷凍，食用前用瓦斯爐煮熟即可。
- 剛揉好的米漿糰如果會濕黏不好操作，建議手上沾少許糯米粉防沾黏。
- 造型湯圓較費工，故不建議包內餡，否則容易因為操作太久而露餡。

米漿糰

白糖粿

| 份量 6 個 | 火候 180°C | 時間 炸 3 分鐘 | 最佳賞味期 室溫 1 天 |

阿嬤時代最流行的100道米食點心　　　　　　　　　　　　　　　　　　　　　Part ── 3

材料	A	米皮	速溶酵母 5g、泡打粉 2g、水 75g、糯米粉 150g、細砂糖 20g
	B	沾粉	花生粉 50g
	C	其他	沙拉油少許

1 速溶酵母、泡打粉、水一起拌勻。

2 糯米粉、細砂糖加入做法1混合拌勻。

3 揉成團狀，蓋上保鮮膜，發酵一晚備用。

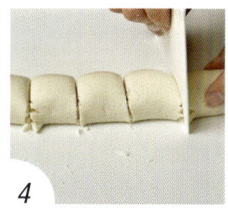

4 將米漿糰分成每個40g。

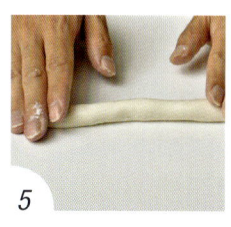

5 分別搓成長條。

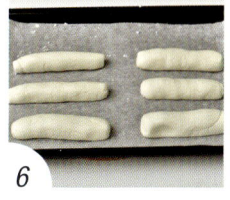

6 排入烤盤，蓋上保鮮膜，發酵30分鐘。

7 待脹大為原來1.5倍大備用。

8 準備一鍋乾淨的沙拉油，加熱到180℃，轉中火，放入脹大的做法7的米漿糰，油炸至白糖粿稍微膨脹。

9 轉大火，炸至表面金黃色。

10 撈起後趁熱沾裹花生粉即可。

零失敗 Tips
- 這道糕點適合現做現吃，不適合冷藏，否則皮會容易變硬。
- 剛油炸時不可以翻動，要待表面微定型再翻面。
- 發酵一晚的米漿糰會非常黏手，在操作前，可以用飯匙來拌勻。
- 要趁剛油炸完還有些熱度時，就要沾上花生粉；若等涼了，就不容易沾裹。

米漿糰

草莓水果米布丁

| 份量 **5**杯 | 火候 **140°C** | 時間 **烤1**小時 | 最佳賞味期 室溫半天 / 冷藏 3 天 |

阿嬤時代最流行的100道米食點心　　　　　　　　　　　　　　　　　　　Part 3

材料

A 米漿糊　蓬萊米粉 100g、動物性鮮奶油 30g、細砂糖 30g、鹽 2g、鮮奶 200g、雞蛋 2 個

B 淋醬　火龍果（白色果肉）40g、草莓果醬 30g、90℃熱水 15g

1 蓬萊米粉、動物性鮮奶油、細砂糖、鹽和鮮奶，放入調理盆中。

2 用打蛋器攪拌均勻。

3 再加入雞蛋。

4 用橡皮刮刀將雞蛋混合拌均勻。

5 用打蛋器輕輕拌均勻（能避免打發），過篩去除泡沫及雜質，靜置 5 分鐘即為布丁液。

6 將布丁液倒入布丁杯至七分滿。

7 在烤盤上倒入適量熱水（水量約 0.5 公分高）。

8 放入以 140℃預熱好的烤箱，採隔水低溫蒸烤方式，烤 1 小時至布丁液熟取出。

9 火龍果肉切丁，草莓醬加入 90℃熱水，拌勻成草莓泥。

10 再淋於烤好的布丁上。

11 用湯匙背抹均勻，放上火龍果肉即可。

零失敗 Tips

- 做法 8 烤好的布丁放入冰箱冰過後，食用前需用電鍋或烤箱加熱，再鋪上水果丁。
- 用低溫隔水長時間烘烤，能讓米布丁質地更軟嫩。
- 加入雞蛋後，做法 4 拌勻的動作不宜太大，以免將蛋打發而影響成敗與口感。

米苔目八寶冰

米漿糰

I Love Rice Food

份量	火候
3 人份	中火

時間
煮 5 分鐘

最佳賞味期
室溫半天
冷藏 2 天

材料

A	米漿糊	在來米粉 125g、樹薯澱粉 25g、90℃ 熱水 100g
B	調節用米糊	樹薯澱粉 20g、水 80g
C	其他	碎冰 100g、蜜八寶 50g
D	糖水	水 150g、二砂糖 50g

194

阿嬤時代最流行的100道米食點心　　　　　　　　　　　　　　　　　　Part 3

1	鍋中放入水與二砂糖。
 2	以大火煮至糖融化，關火放涼。
 3	20g 樹薯澱粉加入水拌勻。
 4	以小火加熱至糊化且透明，關火備用。
 5	在來米粉、25g 樹薯澱粉與 90℃ 熱水拌勻。
 6	再慢慢加入調節用米糊混合拌勻。
 7	揉至成柔軟米糰為止（如果遇到米漿糰已成柔軟狀時，就可以省略調節用米糊）。
 8	將成團的米漿糰鬆弛 30 分鐘，再揉至光滑狀。
 9	裝入較厚的擠花袋。
 10	用直線形花嘴，擠出米條至滾水中。
 11	以中火煮約 5 分鐘到浮起來且熟。
 12	撈起，泡入冷開水，瀝乾水分。
 13	將碎冰放在碗底，放上蜜八寶、米苔目，淋上適量糖水即可食用。

零失敗 Tips

- 這道甜點建議當天食用完畢，如果放入冰箱冷藏，則以兩天內吃完為佳，以免米苔目變硬。
- 在來米粉吸水速度不快，所以需要時間鬆弛。
- 製好的米苔目可吃甜吃鹹，調整配料以個人喜好為主。
- 調整好的米漿糊可以拿小團試擠，壓的過程若 15 秒鐘不斷即表示成功，如果中途會斷，表示太硬，則需要再加入調節米糊調軟；如果太軟，可以加適量在來米粉調硬。

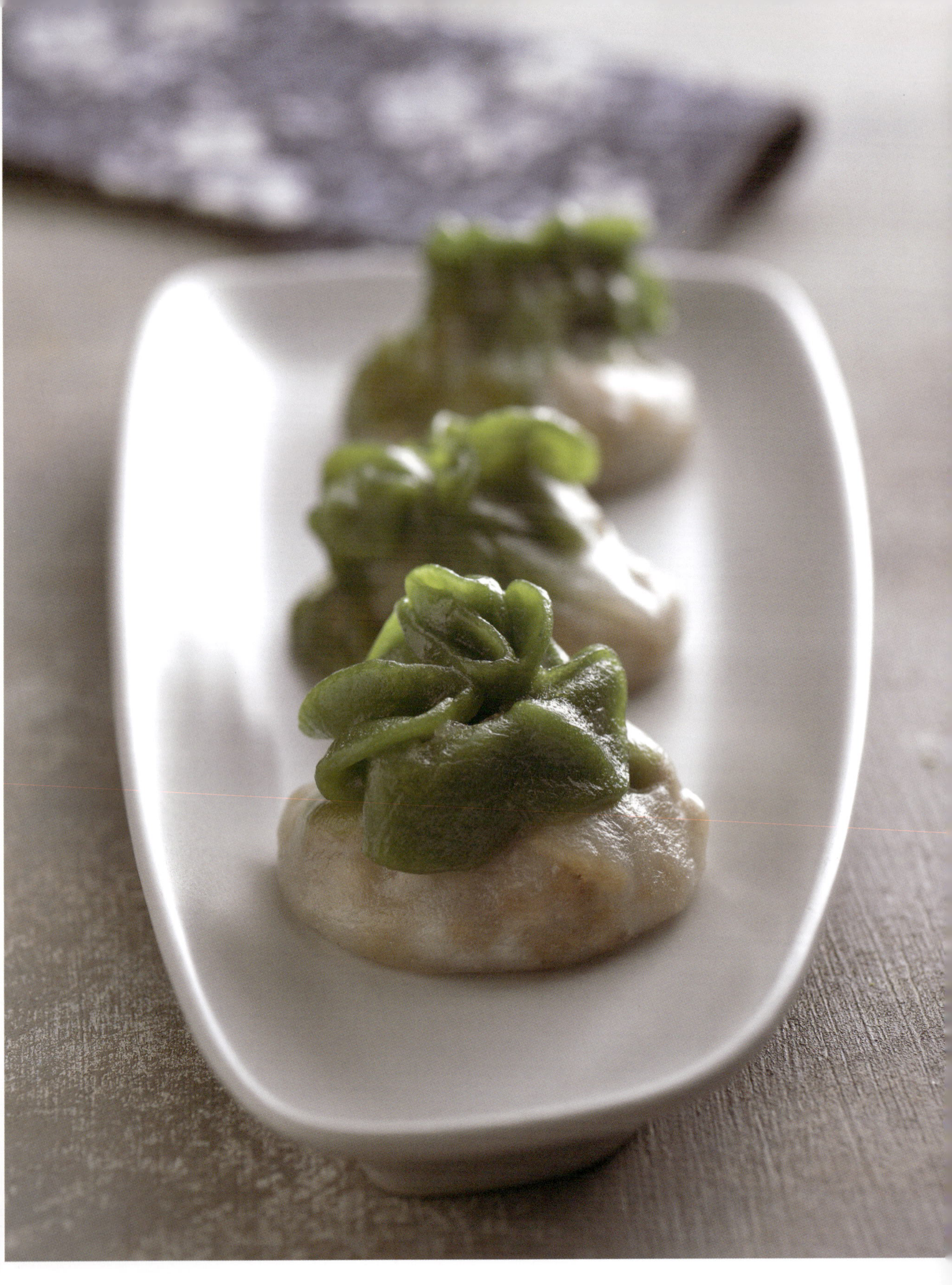

阿嬤時代最流行的100道米食點心　　　　　　　　　　　　　　Part 3

I Love Rice Food

米漿糰

翡翠白玉粿

份量　**8** 個
火候　**中火**
時間　蒸 **12** 分鐘
最佳賞味期　**室溫半天 / 冷藏 3 天**

材料			
	A	米皮	糯米粉 100g、澄粉 50g、太白粉 25g、滾水 70g、豬油 10g
	B	顏色	抹茶粉 3g
	C	內餡	沙拉油 10g、蝦米（切碎）10g、沙拉筍（切丁）80g、豬絞肉 80g
	D	調味料	鹽 2g、細砂糖 6g、醬油 3g、香麻油 5g、白胡椒粉 1g
	E	芡汁	太白粉 2g、水 8g

1 糯米粉、澄粉加入太白粉混合拌勻。

2 倒入滾水。

3 用橡皮刮刀拌均勻。

4 加入豬油。

5 拌勻並揉至光滑即為米漿糰。

6 米漿糰分成兩份（160g、80g），取一份加入抹茶粉。

7 100g 抹茶粉揉勻為綠色米漿糰；80g 為白色米漿糰。

8 沙拉油倒入平底鍋，放入蝦米碎、沙拉筍丁及豬絞肉，以小火炒至肉熟。

9 加入所有調味料炒勻。

10 加入拌勻的太白粉水勾芡。

11 炒熟即為內餡，待降溫，再放入冰箱冷藏至微硬。

12 綠色米漿糰用擀麵棍擀成厚度約 0.3 公分的正方形。

13 先用直徑 8 公分空心圓壓出大圓 8 片。

14 再用直徑 4 公分空心圓壓出最小圓 8 片，取出最小圓成為空心圓。

15 白色米漿糰用擀麵棍擀成厚度約 0.3 公分的正方形。

16 用直徑 6 公分空心圓壓出小圓 8 片。

17 蓋於做法 14 的空心大圓上。

18 再用擀麵棍擀一擀，使完全貼合即為雙層圓形皮。

19 將內餡分成每個 20g，每片雙層圓形皮包入 1 個內餡。

20 米皮外圈抹上少許水。

21 像包燒賣般往上收攏。

22 成為可愛小白菜，再依序完成所有包餡動作。

23 放在鋪蒸籠紙的蒸籠，表面噴少許水。

24 以中火蒸 12 分鐘至熟取出。

零失敗 Tips

- 這道糕點冰過後，食用前需要用電鍋或蒸籠蒸熱。
- 豬油比較香，也可以換成沙拉油。
- 蒸製時的火候不宜大火，能防止此粿塌陷。
- 內餡可以調整成個人喜歡的口味，譬如換成牛絞肉、雞絞肉。

米漿糰

日式米串燒

I Love Rice Food

| 份量 | 8 串 | 火候 | 中火 | 時間 | 蒸 20 分鐘 | 最佳賞味期 | 室溫 1 天 |

材料

A 米漿糊　在來米粉 150g、蓬萊米粉 1500g、滾水 360g、細砂糖 60g

B 顏色　抹茶粉 5g、紫地瓜粉 10g

C 沾粉　玉米粉 30g

D 淋醬　醬油 25g、細砂糖 35g、水 40g、葛粉 7g、味醂 5g、洋菜粉 1g

1 調理盆中，放入來米粉、蓬萊米粉混合好。

2 再加入滾水與細砂糖。

3 用橡皮刮刀攪拌均勻即為米漿糊，並分成 3 份。

4 取其中 1 份加入抹茶粉。

5 用打蛋器拌勻後即為綠色米麵糊。

6 另取 1 份加入紫地瓜粉。

7 用打蛋器拌勻即為紫色米漿糊；剩下的 1 份則為原色米漿糊，備用。

8 將原色米漿糊放入蒸籠中，用中火蒸 20 分鐘至熟後取出。

9 將綠色米漿糊放入蒸籠中，用中火蒸 20 分鐘至熟後取出。

200

阿嬤時代最流行的100道米食點心　　　　　　　　　　　　　　　　　Part 3

10 將紫色米漿糊放入蒸籠中,用中火蒸20分鐘至熟後取出。

11 趁熱分別放入塑膠袋。

12 用手揉數下至米漿糰光滑,並放置一旁待冷卻。

13 玉米粉放入鍋中,以小火微炒以去除生味,備用。

14 將每份揉光滑的米漿糰撒上一點點熟玉米粉,搓長。

15 分別切割成約30g。

16 整成小球狀。

17 再三色交錯串在長竹籤上,共串出8串。

18 淋醬材料用打蛋器攪打均勻,再小火加熱至濃郁,關火後待微涼。

19 再抹適量於串燒上即可。

零失敗 Tips

- 這道糕點適合現做現吃,不適合冷藏,皮很容易變硬。
- 在日本老街街道非常容易看到米串燒,除了原本的味醂口味之外,也有紅豆、抹茶淋醬口味。

米漿糰

草莓大福

I Love Rice Food

份量	火候
8個	中火

時間
蒸 8 分鐘 → 8 分鐘

最佳賞味期
室溫 1 天

材料

A	米皮	糯米粉 150g、細砂糖 75g、水 200g
B	內餡	紅豆粒餡 200g（P.31）、草莓 8 個
C	沾粉	玉米粉 50g
D	其他	沙拉油少許

202

阿嬤時代最流行的100道米食點心　　　　　　　　　　　　　　　　　　　　　　　　Part 3

1. 糯米粉、細砂糖和水放入調理盆。
2. 用打蛋器拌勻。 
3. 以中火蒸8分鐘，再翻勻後，續蒸8分鐘至熟，並用沾水的擀麵棍搗成團狀。  
4. 玉米粉放入鍋中，以小火微炒以去除生味。 
5. 紅豆粒餡分成8份（每個約25g）；草莓洗淨後瀝乾，備用。 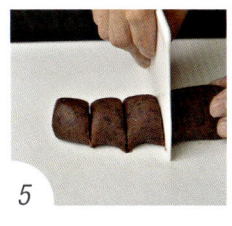
6. 每份紅豆粒餡壓扁後，包入1個草莓。 
7. 包覆完整即為內餡。 
8. 手戴上抹沙拉油的塑膠袋將做法3的米糰分成每個45g。 
9. 手沾熟玉米粉後，將米糰擀成圓片。 
10. 包入1份內餡。 
11. 收口捏緊即可。 

零失敗 Tips

- 這道糕點適合現做現吃，不適合冷藏，否則皮容易變硬。
- 草莓可以換成香蕉、蘋果或水蜜桃等。
- 配方中的水添加得越多，則外皮越軟。
- 外皮可以加入少許可可粉、抹茶粉，變化外皮口味。

米漿糰

I Love Rice Food

日式煎草餅

份量	火候
10個	中小火

時間

煎 6 分鐘

最佳賞味期

室溫 1 天
冷藏 2 天

材料

- **A** 米皮　糯米粉 160g、蓬萊米粉 40g、艾草粉 10g、細砂糖 20g
  滾水 140g、沙拉油 10g
- **B** 內餡　紅豆沙餡 250g（P.30）
- **C** 其他　沙拉油少許

阿嬤時代最流行的100道米食點心　　　　　　　　　　　Part 3

1. 糯米粉、蓬萊米粉、艾草粉、細砂糖放入調理盆中，加入滾水。
2. 用橡皮刮刀拌勻成團。 
3. 再倒入沙拉油。 
4. 拌勻成團，放涼備用。 
5. 將冷卻的米糰分成每個35g。 
6. 紅豆沙餡分成每個25g。 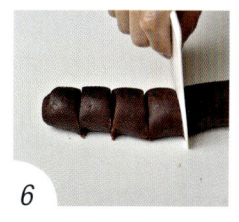
7. 取1個米糰搓圓。 
8. 後稍微壓扁。 
9. 包入1個紅豆沙餡，收口捏緊。 
10. 搓成圓球。 
11. 稍微壓扁。 
12. 整成高度均勻的圓形。 
13. 放入抹少許沙拉油的平底鍋中。 
14. 以中小火煎約6分鐘至兩面金黃且熟即可。 

零失敗 Tips
- 這道甜點冰過後，食用前需要用平底鍋煎熱。
- 這道點心是日本老街常見的米食點心，在煎的過程中，不宜用大火，外皮容易焦黑。

205

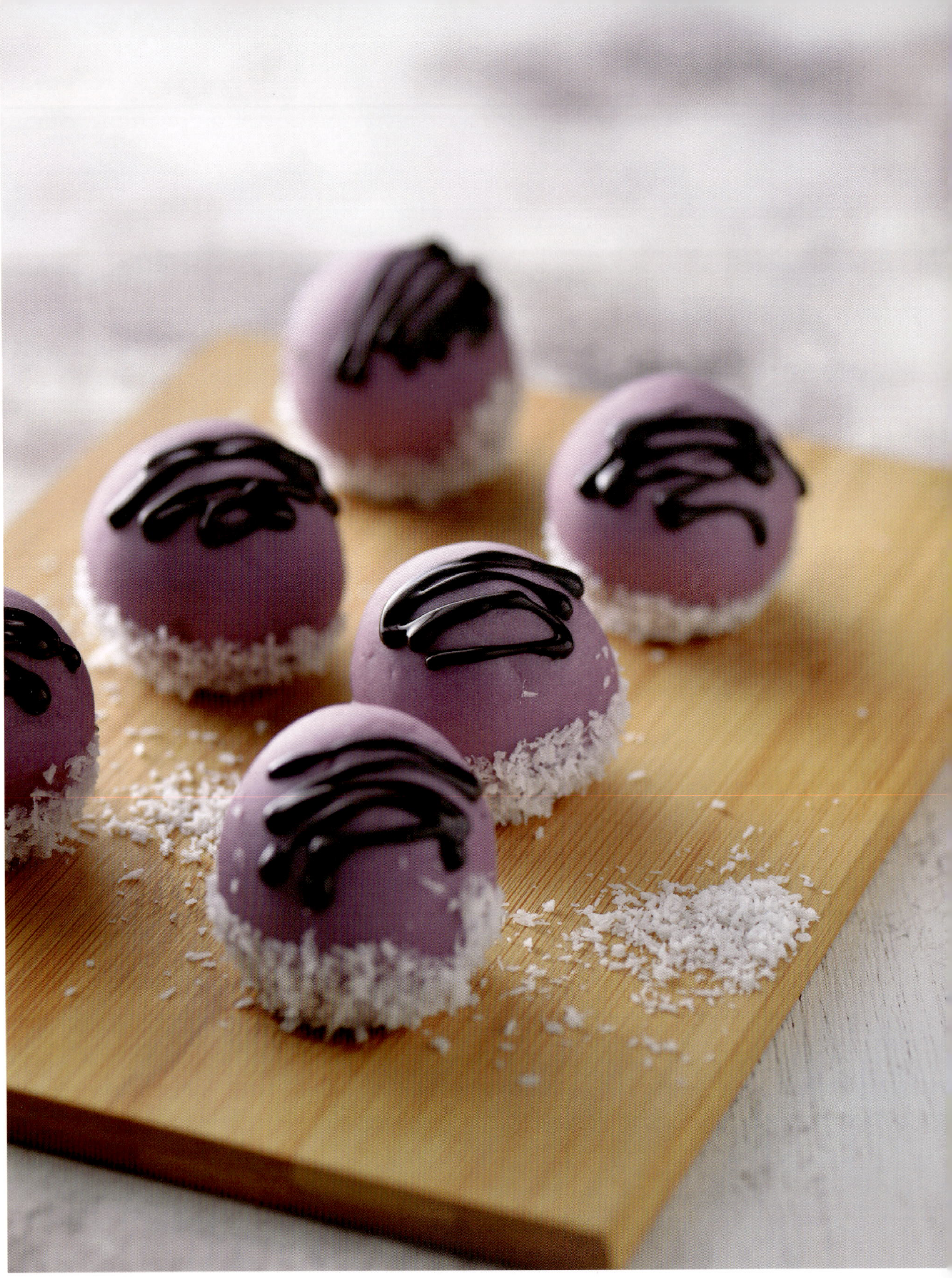

阿嬤時代最流行的100道米食點心　　　　　　　　　　　　Part 3

I Love Rice Food

米漿糰

皇室米點心

份量 **20** 個
火候 **190°C**
時間 **烤 5** 分鐘
最佳賞味期 **室溫 1** 天

材料			
	A	米皮	糯米粉 30g、在來米粉 60g、紫地瓜粉 20g、細砂糖 80g、椰奶 100g、蛋黃 2 個（40g）
	B	調節粉	在來米粉 35g、糯米粉 35g
	C	內餡	蓮蓉餡 200g（P.35）
	D	裝飾	黑巧克力 30g、椰奶 20g、椰子粉 50g

1　糯米粉、在來米粉、紫地瓜粉、細砂糖倒入平底鍋，混合均勻。

2　加入椰奶。

3　用打蛋器拌勻成米漿糊。

4　以小火加熱至濃稠，關火，放置一旁待降溫。

5　加入蛋黃拌勻，以小火加熱至完全均勻，待完全冷卻。

6　加入調節粉所有材料。

7　拌勻成團狀。

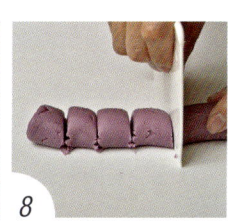

8　米漿糰分成每個 20g。

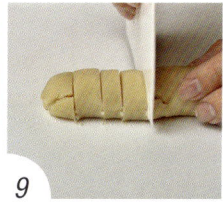

9　蓮蓉餡分成每個 10g 備用。

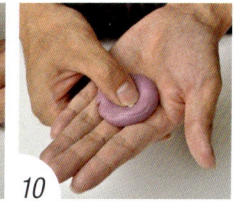

10　取 1 個米漿糰搓圓後稍微壓扁。

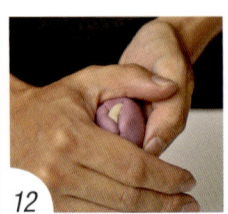

11	12	13	14	15
包入 1 個蓮蓉餡。	收口捏緊後搓成圓球。	排入烤盤，放入以 190℃ 預熱好的烤箱中，烤約 5 分鐘。	取出待涼。	黑巧克力隔熱水加熱，拌勻融化。

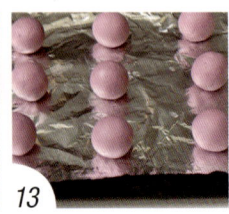

16	17	18
裝入白紙捲成的錐形中，剪一個小洞，在放涼的糕點表面畫線。	待黑巧克力定色後，於糕點底部沾上薄薄椰奶。	最後沾上椰子粉即可。

零失敗 Tips

- 這道糕點適合現做現吃，不適合冷藏。
- 做法 6 調節米漿糰過程中，必須視狀況再決定添加調整粉的份量，以成團為主。
- 這道糕點由泰式皇家喜宴點心稍微改良的糕點，添加天然紫地瓜粉，風味會更自然。

米漿糰 | I Love **Rice** Food

泰式三色糯米球

| 份量 **3**份 | 火候 **中火** | 時間 煮**10**分鐘 | 最佳賞味期 室溫**1**天 |

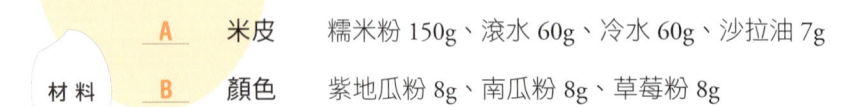

材料			
	A	米皮	糯米粉 150g、滾水 60g、冷水 60g、沙拉油 7g
	B	顏色	紫地瓜粉 8g、南瓜粉 8g、草莓粉 8g
	C	配料	菠蘿蜜（切絲）30g 碎冰 50g 椰奶 30g

1 糯米粉加入滾水。

2 用木劑將糯米粉混合拌勻。

3 倒入冷水。

4 用木劑再將糯米粉混合拌勻。

5 再加入沙拉油。

6 揉至光滑成團。

7 將光滑的米漿糰分成 3 份。

8 分別加入紫地瓜粉、南瓜粉與草莓粉拌勻。

9 揉成團，成為三色米漿糰。

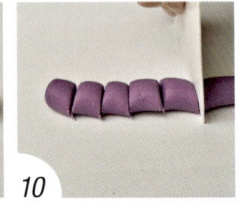

10 將紫色米漿糰搓長後，切割成每個 5g。

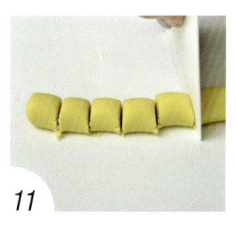

阿嬤時代最流行的100道米食點心

11 將黃色米漿糰搓長後，切割成每個5g。

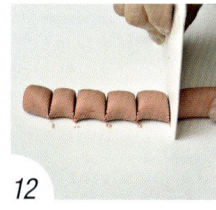

12 將紅色米漿糰搓長後，切割成每個5g。

13 分別搓圓，備用。

14 將三色糯米球放入滾水中。

15 以中火煮至10分鐘浮起來。

16 撈起後，泡入冷開水，待冷卻。

17 菠蘿蜜切成絲狀。

18 將碎冰放入碗中，放上三色糯米球，淋上椰奶。

19 撒上菠蘿蜜絲即可。

零失敗 Tips

- 這是泰國街頭常見的冰品，糯米球與糖水、東南亞水果組合而成，適合現做現吃，不適合冷藏。
- 三種蔬果粉吸水性皆不同，需要依乾濕狀況來決定加水或加粉調整。

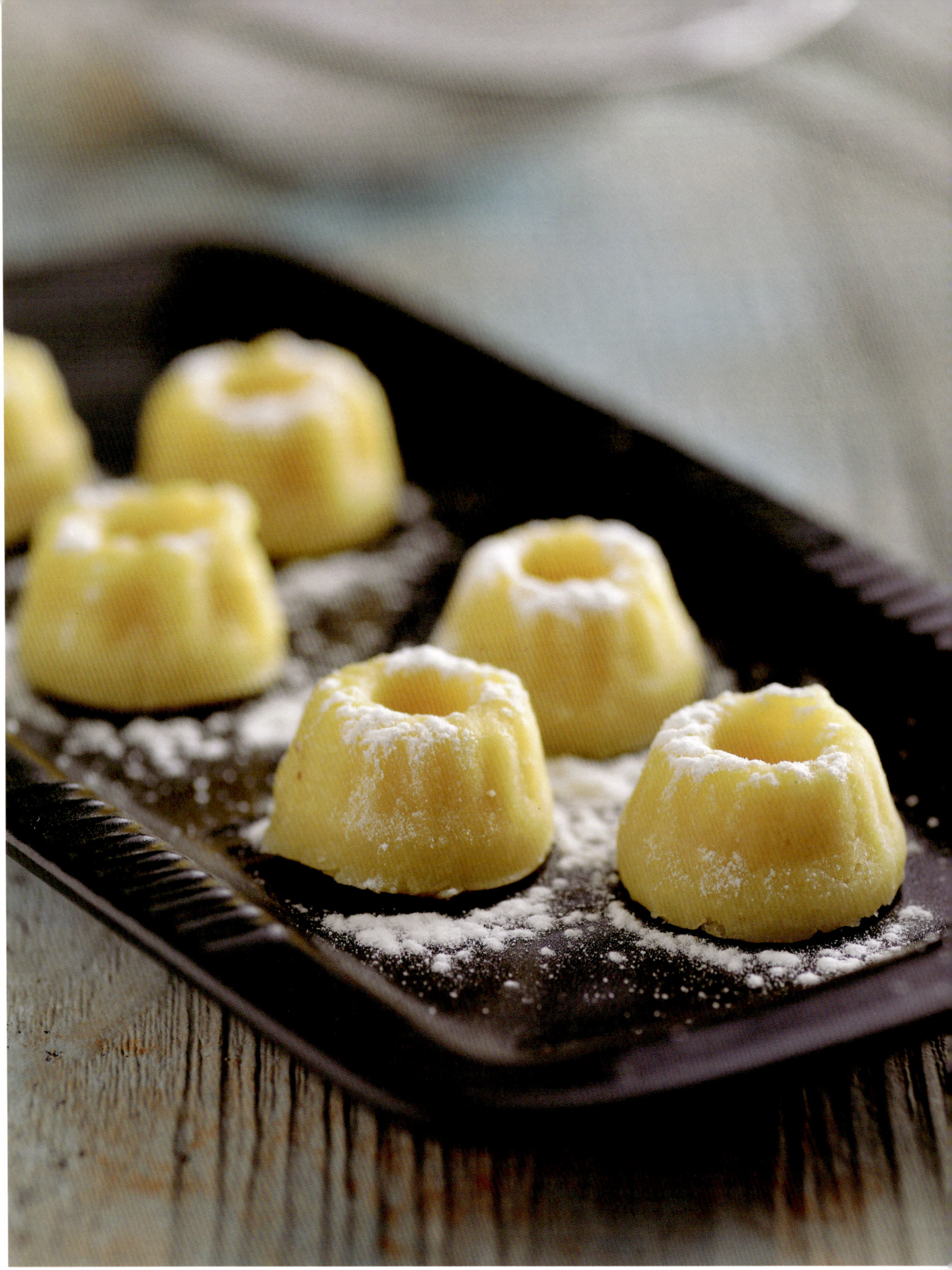

阿嬤時代最流行的100道米食點心　　　　　　　　　　　　　　Part 3

米漿糰
泰國黃金糕

份量	約 **26** 個（每個 8g）
火候	**小火**
時間	**炒 5** 分鐘
最佳賞味期	室溫 1 天 / 冷藏 3 天

材料

A　米漿糰　綠豆沙餡 200g（P.34）、無鹽奶油 20g、椰奶 30g、糖粉 20g、椰子粉 30g、糕仔粉 30g

B　裝飾　玉米粉 30g

1　玉米粉放入鍋中，以小火微炒以去除生味。

2　綠豆沙餡用擀麵棍搗碎。

3　加入無鹽奶油、椰奶。

4　用橡皮刮刀拌勻。

5　倒入平底鍋，以小火加熱拌炒至水量變少且成糰，關火，待冷卻。

6　加入糖粉、椰子粉與糕仔粉，拌勻後放置 20 分鐘。

7　搓長後分成每個 8g，滾圓。

8　壓入耐高溫矽膠模中。

9　壓定型後扣出即可盛盤，可以撒上少許熟玉米粉。

零失敗 Tips

- 這道糕點適合現做現吃，或是放冰箱冷藏冰食。
- 這是由泰式的米食點心改良而來。
- 糕仔粉的作用時間較久，所以需要放置 20 分鐘。在鬆弛後若太軟，再用另外的糕仔粉調至不流動為主。

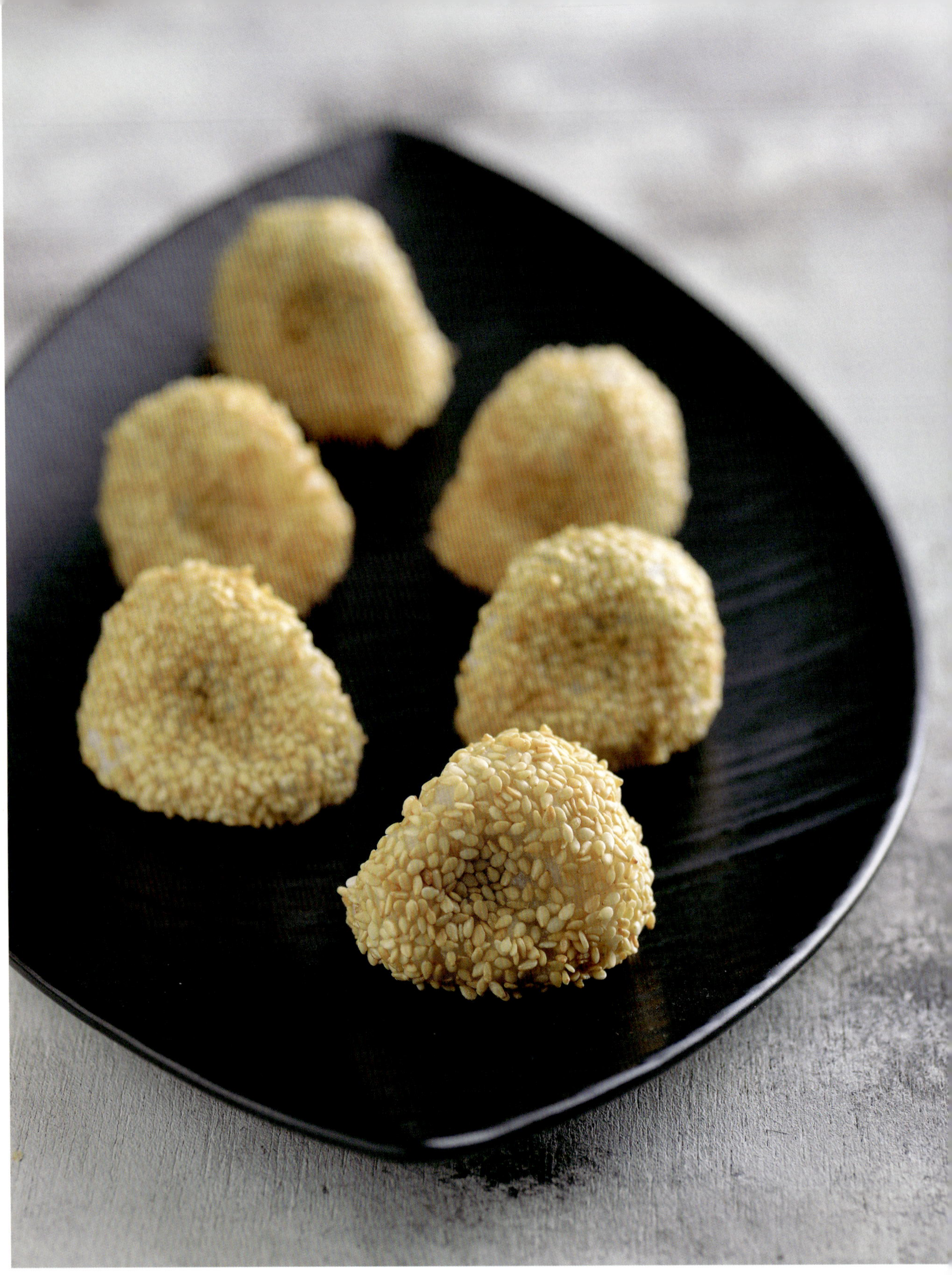

阿嬤時代最流行的100道米食點心　　　　　　　　　　　Part ── 3

I Love Rice Food

米漿糰

泰國象鼻子糕

份量	**10 個**
火候	**電鍋**
外鍋水量	**1 量米杯**
最佳賞味期	**室溫 1 天**

材料

- **A** 米皮　　圓糯米 150g、水 150g
- **B** 內餡　　棗泥餡 100g（P.32）
- **C** 其他　　熟白芝麻 50g

1 圓糯米洗淨後泡水 2 小時，完全瀝乾水分，加入水，放入電鍋，外鍋倒入 1 量米杯水，蒸熟至開關跳起來。

2 取出後趁熱搗爛，但仍然需要保留一些米粒外觀即為米漿糰。

3 米漿糰搓長後分成每個 20g 的小糯米糰，並收圓即為外皮。

4 棗泥餡分成每個 10g，備用。

5 每個外皮稍微壓扁。

6 包入 1 個內餡。

7 收口捏緊後搓圓。

8 外表沾上少許水，再裹上一層熟白芝麻。

9 兩側往內稍微壓出凹洞就如象鼻子了。

零失敗 Tips

- 這道糕點適合現做現吃，不適合冷藏，否則米皮會變硬。
- 操作過程中，如果會黏手，可以沾些熟玉米粉再操作。
- 市面上也有販售綠色芝麻、粉紅芝麻，可以用不同顏色沾裹，能讓小孩對此感到興趣。

米漿糰

I Love Rice Food

椰香糯米糍

份量	15 個
火候	中火
時間	蒸 10 分鐘
最佳賞味期	室溫 1 天

材料

- **A** 米皮　澄粉 100g、90℃熱水 50g、糯米粉 150g、冷水 120g、細砂糖 40g、無鹽奶油 60g
- **B** 內餡　蓮蓉餡 300g（P.35）
- **C** 其他　椰子粉 70g、葡萄乾 15 個

216

阿嬤時代最流行的100道米食點心　　　　　　　　　　　　　　　　　　　Part 3

1. 澄粉加入90℃的熱水。
2. 用橡皮刮刀拌勻。 
3. 加入糯米粉、冷水、細砂糖。 
4. 再用橡皮刮刀混合拌勻。 
5. 揉成團。 
6. 加入無鹽奶油，拌勻並揉到光滑即為米漿糰。 
7. 米漿糰搓長後分成每個30g的小糯米糰，並收圓即為外皮。 
8. 蓮蓉餡分成每個20g，備用。 
9. 每個米漿糰稍微壓扁。 
10. 包入1個內餡，收口捏緊後搓圓。 
11. 再放於鋪蒸籠紙的蒸籠。 
12. 以中火蒸10分鐘至熟，取出後待微涼。 
13. 外表沾裹一層椰子粉。 
14. 最上面放置葡萄乾即可。 

零失敗 Tips

- 這道糕點適合現做現吃，不適合冷藏，否則米皮會變硬。
- 在蒸的過程中，不宜太久及火候太大，這樣都容易造成產品微塌。
- 椰香糯米糍為港式點心，有的是蒸、有的是煎，各有獨特風味。

米漿糰

南洋娘惹糕

| 份量 | 長方模 **1** 個
（長 30× 寬 20× 高 5 公分） | 火候 | **中火** | 時間 | 每一層蒸 **10** 分鐘
最後一層蒸 **20** 分鐘 | 最佳賞味期 | 室溫 **1** 天
冷藏 **3** 天 |

材料

- **A** 米漿糊　在來米粉 250g　樹薯粉 50g　細砂糖 200g　椰漿 100g　水 800g
- **B** 顏色　　紫地瓜粉 100g
- **D** 其他　　沙拉油少許

阿嬤時代最流行的 100 道米食點心　　　　　　　　　　　　　　　　　　　　　　　　Part ── 3

1 米漿糊所有材料放入調理盆。

2 用打蛋器拌勻。

3 將米漿糰分成 1000g、400g 兩碗。

4 取 1000g 米漿糊放入平底鍋，以中火加熱至糊化，離火。

5 再加入 400g 米漿糊以降溫，再拌勻至濃稠，分成兩份。

6 取一份米漿糊加入紫地瓜粉。

7 用打蛋器混合拌勻，另一份即為白色米漿糊。

8 長方模抹少許沙拉油。

9 先倒入一層紫色米漿糊（約 200g），敲一敲使米漿糊平整。

10 放入蒸籠，用中火蒸 10 分鐘。

11 倒入一層白色米漿糊（約 200g），再放入蒸籠蒸 10 分鐘。

12 依做法 11 步驟交錯倒入紫色、白色米漿糊。

13 直到最後一層，必須蒸 20 分鐘至熟。

14 取出放涼，脫模。

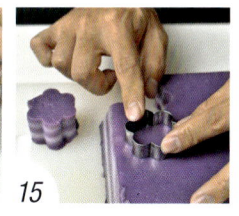

15 用花形空心模壓出造型即可。

零失敗 Tips

- 娘惹糕冰過後，食用前需要用電鍋或蒸籠蒸熱。
- 娘惹糕為新加坡、馬來西亞常見的糕點，是色彩鮮豔的消暑米食糕點。
- 因為要有色彩層次，所以一定要分層蒸，並且蒸最後一層時，必須增加 10 分鐘。
- 蒸好時，若中間最厚的地方有像液體晃動即表示尚未完全熟，請繼續蒸 10 分鐘。
- 如果喜歡其他天然風味，可以用紅蘿蔔、紫地瓜或南瓜蒸軟後打成泥，拌入白色米漿糊替換。

糯米巧克力蛋糕

米漿糰 / I Love Rice Food

份量 18 個
火候 180°C
時間 烤 30 分鐘
最佳賞味期 室溫 3 天 / 冷藏 7 天

材料

A 米蛋糊：糯米粉 180g、在來米粉 70g、無鹽奶油 25g、細砂糖 70g、泡打粉 15g、椰奶 350g、雞蛋 1 個、可可粉 30g、椰子粉 25g

B 其他：白巧克力 30g、彩色糖珠 20g

C 其他：沙拉油少許

阿嬤時代最流行的100道米食點心　　　　　　　　　　　　　　　　　　　Part 3

1 糯米粉、在來米粉、無鹽奶油、細砂糖、泡打粉、椰奶、雞蛋放入調理盆中，用打蛋器拌勻。

2 加入可可粉，拌勻至巧克力色。

3 接著加入椰子粉，攪拌均勻即為米漿糊。

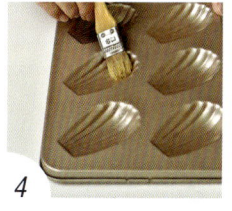

4 蛋糕烤模刷上一層薄薄的沙拉油。

5 倒入米漿糊，表面抹平。

6 放入以180℃預熱好的烤箱，烤30分鐘至上色且熟，取出後脫模，待稍微涼。

7 白巧克力放入調理盆中，以隔水加熱方式融化，拌勻。

8 裝入白紙捲成的錐形中，剪一個小洞，在蛋糕體上擠出線條。

9 撒上彩色糖珠裝飾即可。

零失敗 Tips

- 這款蛋糕冰過後，食用前需室溫退冰才可食用，或用烤箱加熱也可。
- 除了可可粉之外，也可以挑選喜歡的天然粉類替換，例如：抹茶粉、草莓粉等。
- 這是由米製作的蛋糕，完全沒有加入任何麵粉，口感非常特別，特別適合對麩質過敏的人食用。

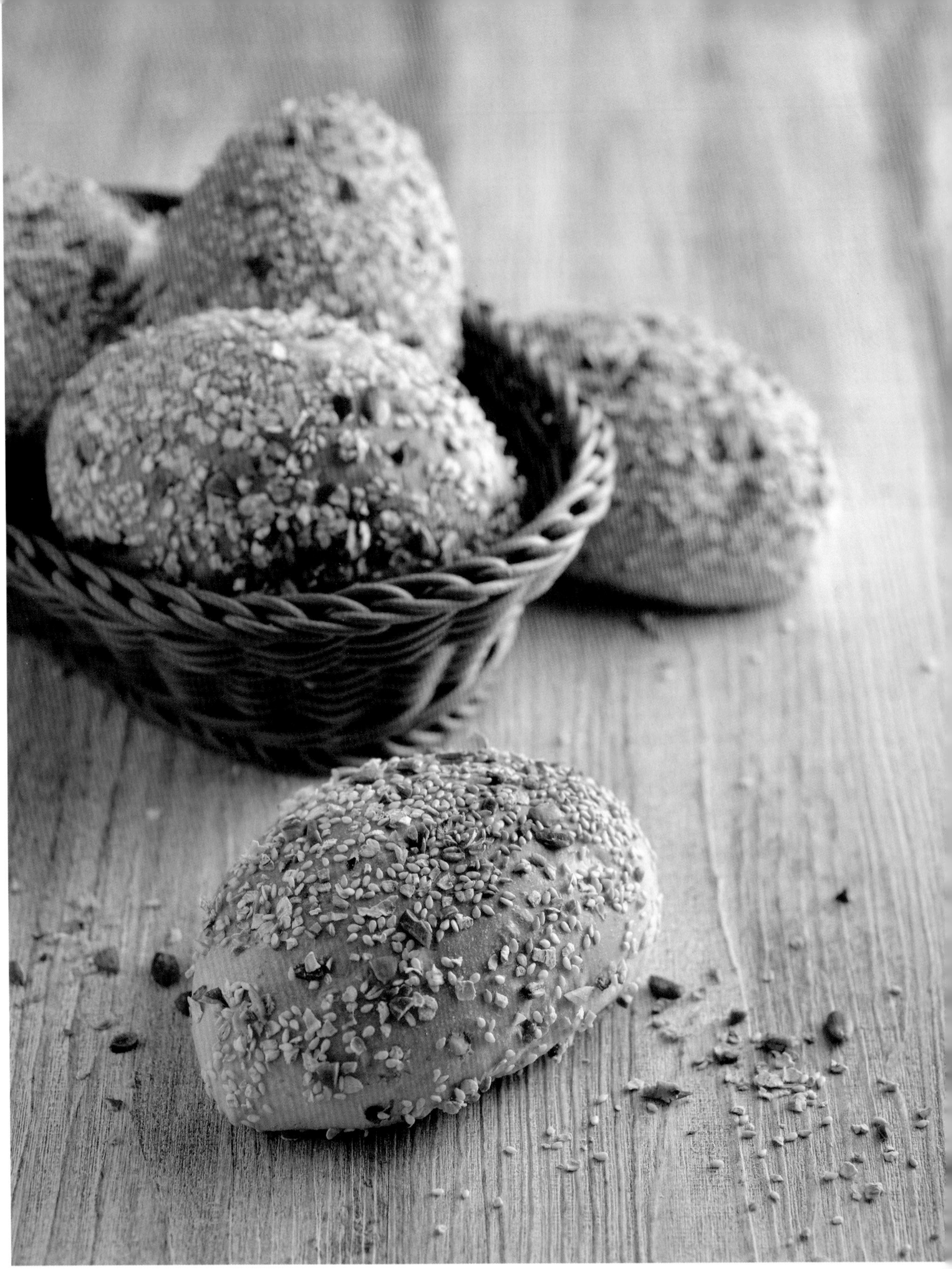

阿嬤時代最流行的100道米食點心　　　　　　　　　　　　　　　　Part 3

I Love Rice Food

米漿糰

十穀米麵包

份量 **10** 個
火候 **190**℃
時間 **烤 23** 分鐘
最佳賞味期 室溫 3 天 / 冷藏 5 天 / 冷凍 7 天

材料

A 米麵糰　十穀米 75g、水 375g、速溶酵母 6g、高筋麵粉 400g、蓬萊米粉 40g、鹽 10g、橄欖油 20g

B 沾料　葵瓜子 30g、熟燕麥片（乾）30g、生白芝麻 30g

1 十穀米洗淨，加入等量的 75g 水，再放入電鍋中，外鍋倒入 1 量米杯水，蒸至開關跳起來米熟，取出後放涼。

2 葵瓜子切碎。

3 與熟燕麥片、生白芝麻混合為沾料。

4 將速溶酵母與剩餘的 300g 水拌溶。

5 加入高筋麵粉、蓬萊米粉與鹽。

6 用座立式的攪拌機攪打成團。

7 再加入橄欖油。

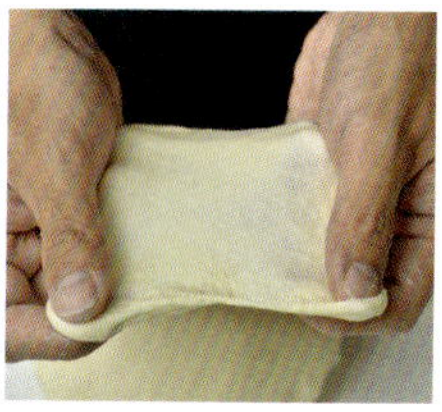

8 繼續攪打至撐開麵糰有薄膜狀。

9 再加入十穀米飯攪打均勻為麵糰。

10 收圓後，蓋上保鮮膜（或乾淨濕布）。

11 發酵 30 分鐘至原來 1.5 倍大。

12 將麵糰分成每個 100g。

13 整成橄欖形。

14 表面刷上少許水。

15 裹上一層沾料。

16 排入烤盤。

17 發酵 1 小時後，再放入 190℃ 預熱好的烤箱。

18 烘烤 23 分鐘至熟且呈金黃色即可。

零失敗 Tips

- 麵包冰過後，食用前需要用電鍋或蒸籠蒸熱。
- 沾料可以換成其他堅果類，做口味的變化。
- 米麵包比一般麵包更健康，除了使用橄欖油之外，也添加高纖穀物。

米漿糰

紫金米吐司

I Love Rice Food

| 份量 | 短吐司模 2 個 | 火候 | 190℃ | 時間 | 約 50 分鐘 | 最佳賞味期 | 室溫 3 天
冷藏 5 天
冷凍 7 天 |

| 材料 | 米麵糰 | 黑糯米 80g、水 380g、速溶酵母 6g、高筋麵粉 360g、蓬萊米粉 40g、鹽 10g、無鹽奶油 40g |

1. 黑糯米洗淨，加入等量的 80g 水。
2. 放入電鍋，外鍋倒入 1 量米杯水，蒸至開關跳起來米熟，取出後放涼。 
3. 速溶酵母與剩餘 300g 水拌溶。 
4. 加入高筋麵粉、蓬萊米粉、鹽。 
5. 用座立式攪拌機攪打成團。 
6. 加入無鹽奶油，繼續攪打至有薄膜狀。 
7. 再加入黑糯米飯攪打均勻為麵糰。  
8. 收圓後蓋上一層保鮮膜（或乾淨濕布）。 
9. 使其發酵 30 分鐘至原來 1.5 倍大備用。 
10. 將麵糰分成兩份。 
11. 整成圓形。 
12. 排入烤盤，蓋上保鮮膜，發酵 1 小時。 
13. 用擀麵棍擀成厚度約 0.8 公分長橢圓形。 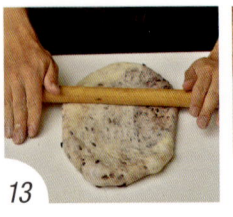
14. 慢慢先捲起。

阿嬤時代最流行的100道米食點心　　　　　　　　　　　　　　　　　　　　　Part 3

15 再捲起至最後。

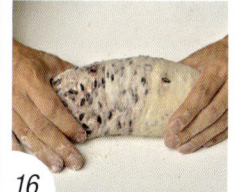

16 再整成橄欖形。

17 放入短吐司模。

18 蓋上保鮮膜，發酵30分鐘至短吐司模約七分滿的高度。

19 放入以190℃預熱好的烤箱，烘烤50分鐘至熟且呈金黃色。

20 脫模後放涼即可切片。

零失敗 Tips

- 米吐司冰過後，食用前需要用電鍋或蒸籠蒸熱。
- 米吐司用一部分米粉取代麵粉，能增加柔軟度。
- 米吐司無筋性，其口感、發酵高度，都會比麵粉來得低一些。
- 米麵包比一般麵包更健康，也能用橄欖油替換無鹽奶油，或是再添加高纖穀物一起拌入麵糊中。

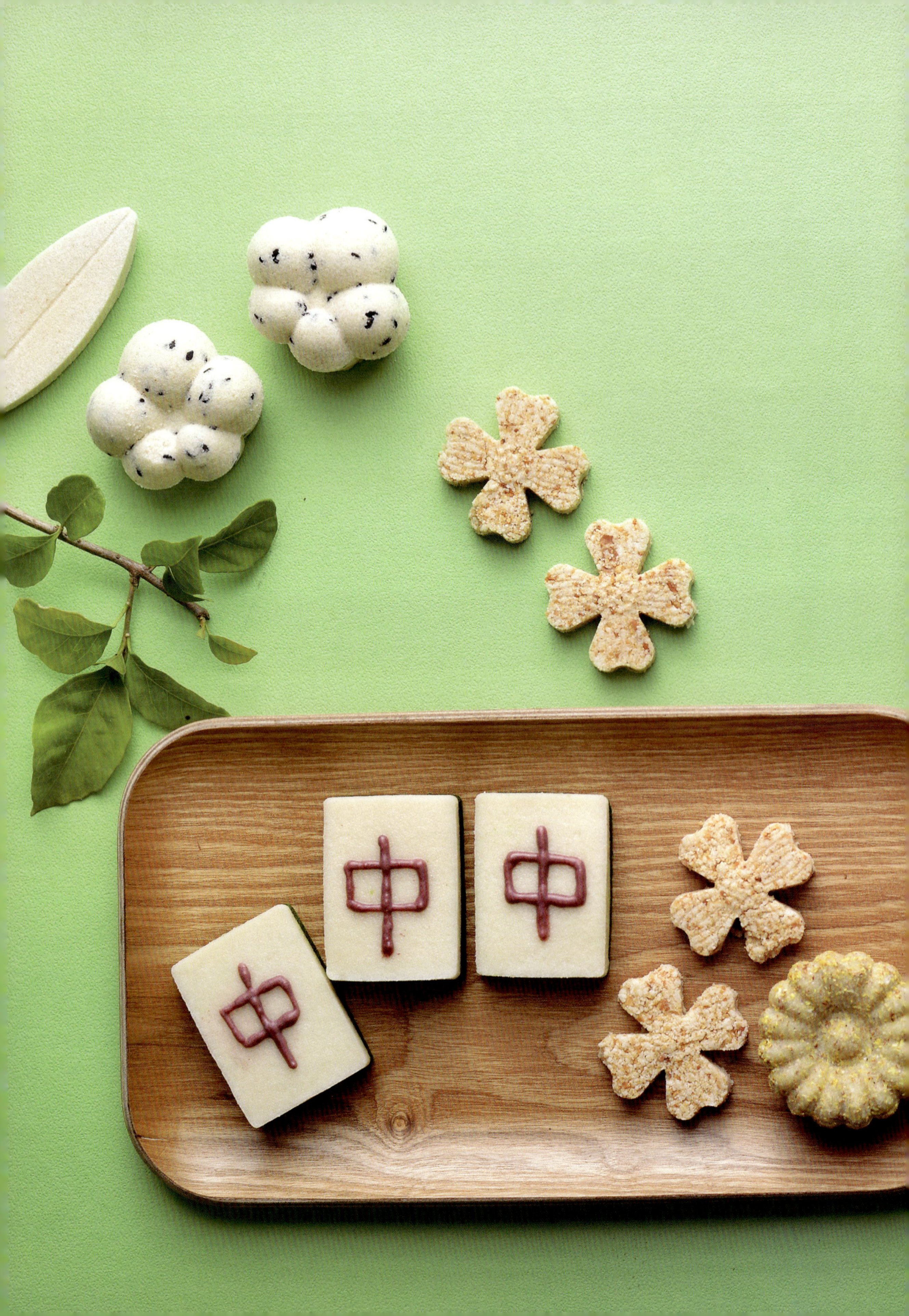
中
中
中

I Love Rice Food

Part 4 茶飲好搭檔
米粉類

米粒磨製的米漿,再經過熟製烘焙而製成乾粉,
一般若加水調製即可還原成漿糰。米粉經過熟製成鳳片粉、糕仔粉,
可以製成紅豆鬆糕、糕仔崙、雪片糕、茯苓糕、梅香糕等,
而生粉與熟粉的差異,在於生粉的外觀顏色比較白,
而熟粉顏色會稍微呈黃色。
它們精巧可愛,非常適合與茶一起享用喔!

米漿糰
桂花糕

| 份量 | 約 15 個（每個約 25g） | 火候 | 小火 | 時間 | 蒸 5 分鐘 | 最佳賞味期 | 室溫 1 天 / 冷藏 3 天 |

材料

- A 糕粉：糖粉 200g、水 30g、麥芽糖 30g、鹽 1g、沙拉油 3g、糕仔粉 60g、鳳片粉 60g
- B 其他：乾燥桂花 15g

阿嬤時代最流行的 100 道米食點心　　　　　　　　　　　　　　　　　　　　　　　　　　Part 4

1　乾燥桂花放入食物調理機中，攪打均勻成細粉。

2　糖粉、水、麥芽糖、鹽與沙拉油放入調理盆中，混合拌勻成濕糖狀。

3　接著加入糕仔粉與鳳片粉。

4　混合拌勻。

5　過篩後，取得較細的糕粉。

6　再加入打成粉的桂花拌勻。

7　取適量的糕粉，填入花朵造型模中。

8　用大拇指壓緊實後。

9　再小心脫模。

10　再排入鋪蒸籠紙的蒸籠中。

11　蓋上一張白紙，以小火蒸燜的方式，蒸約 5 分鐘至定型為止。

12　取出後待涼即可享用。

零失敗 Tips

- 桂花糕冰過後，食用前需要用電鍋或蒸籠蒸熱。
- 可以挑選其他造型的壓模來製作，產生更多形狀的糕點。
- 材料皆為熟粉，必須壓緊實才不會散開，蒸製時只要外觀定型即可食用。
- 在蒸製時，上面需要蓋一張白紙（或影印白紙、烘焙紙），能防止水氣向下滴入。

米漿糰

節慶鳳片糕

| 份量 | 約 **15** 個（每個約 35g） | 火候 | **小火** | 時間 | 煮 **2** 分鐘 | 最佳賞味期 | 室溫 **1** 天 / 冷藏 **3** 天 |

材料

- **A　粉漿皮**　細砂糖 150g、水 100g、麥芽糖 30g、紅麴粉 5g、鳳片粉 120g、食品級香蕉油 1g
- **B　餡　料**　紅豆沙餡 150g（P.30）
- **C　沾　粉**　玉米粉 30g

232

阿嬤時代最流行的100道米食點心　　　　　　　　　　　　　　　　　　　Part 4

1 細砂糖、水與麥芽糖全部倒入鍋中拌勻。

2 以小火煮2分鐘至糖融化後，關火待冷卻。

3 玉米粉放入鍋中，以小火乾炒至香味出來後，關火備用。

4 將做法2的糖水與紅麴粉、鳳片粉、食品級香蕉油，混合拌勻成耳垂般軟度的團狀。

5 放置約20分鐘。

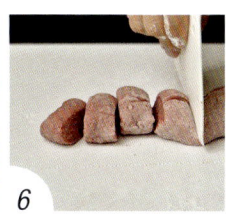

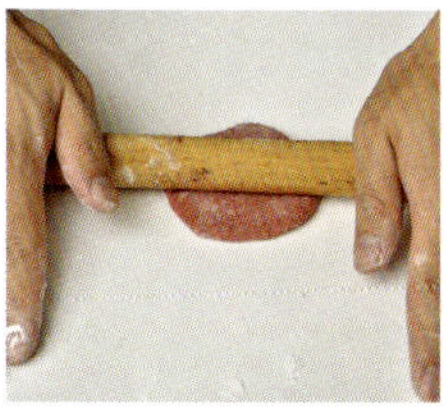

6 將紅豆沙餡分成每個10g，粉漿糰分成每個25g，再擀成薄圓片。

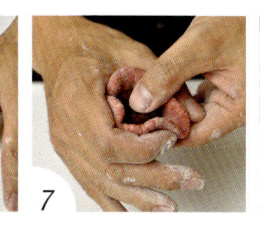

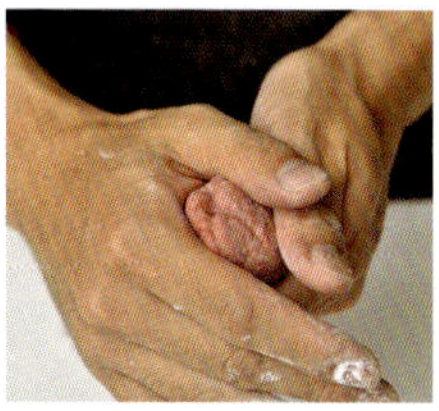

7 先包入1個紅豆沙餡，收口捏緊後，整成橢圓形，再於表面沾上一層薄薄的熟玉米粉。

8 填入橢圓形模中，壓平後脫模即可食用。

零失敗 Tips

- 鳳片糕冰過後，食用前需要用電鍋或蒸籠蒸熱。
- 糕粉糰若太濕黏，可以加入適量鳳片粉調和，直到有耳垂般軟度即可。
- 鳳片糕並無固定外形，主要是以鳳片粉漿皮包入內餡，再壓入模具中成形。
- 傳統鳳片糕與紅龜粿外形相似，常出現在廟口及節慶中，但通常一個很大吃不完，你也可以選擇較小的模具完成。

米漿糰
糕仔崙

| 份量 | 約 **24** 個（每個約 20g） | 火候 | **小火** | 時間 | **蒸 5 分鐘** | 最佳賞味期 | **室溫 1 天 / 冷藏 3 天** |

材料

- **A** 糕粉：糖粉 200g、水 30g、麥芽糖 30g、鹽 1g、沙拉油 3g、糕仔粉 60g、鳳片粉 60g、綠豆粉 125g
- **B** 其他：抹茶粉 5g

阿嬤時代最流行的 100 道米食點心　　　　　　　　　　　　　　　　　　　　Part 4

1. 糖粉、水、麥芽糖、鹽與沙拉油放入調理盆中，混合拌勻成濕糖狀。

2. 接著加入糕仔粉、鳳片粉與綠豆粉拌勻。

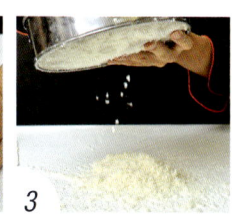

3. 過篩後，取得較細的糕粉。

4. 將糕粉分成兩份（1 份 320g、1 份 160g），160g 的小份與抹茶粉先混合拌勻，過篩即為綠色糕粉；320g 為原本白糕粉，備用。

5. 先取適量的白糕粉填入鳳梨造型模中。

6. 再填入適量的綠色糕粉於鳳梨頭（白、綠比例為 2：1）。

7. 用手壓緊實。

8. 再小心脫模。

9. 放入排好已鋪蒸籠紙的蒸籠中，並蓋上一張白紙。

10. 以小火蒸燜的方式，蒸約 5 分鐘至定型為止，取出後待涼即可。

零失敗 Tips

- 糕仔崙冰過後，食用前需要用電鍋或蒸籠蒸熱。
- 在蒸製時，上面必須蓋一張白紙，可以防止水氣向下滴。
- 所使用的粉全部為熟粉，所以只要將粉緊壓，蒸製時外觀定型即可食用。

米漿糰
杏仁糕

I Love Rice Food

| 份量 | 約 16 個（每個約 25g） | 火候 | 小火 | 時間 | 蒸 5 分鐘 | 最佳賞味期 | 室溫 1 天 / 冷藏 3 天 |

材料

A 糕粉　糖粉 200g、水 30g、麥芽糖 30g、鹽 1g、沙拉油 3g、糕仔粉 60g、鳳片粉 60g

B 其他　杏仁粉 40g、熟黑芝麻粒 8g

阿嬤時代最流行的100道米食點心　　　　　　　　　　　　　　　　　　　　Part 4

1 糖粉、水、麥芽糖、鹽與沙拉油放入調理盆中。

2 全部混合拌勻成濕糖狀。

3 接著加入糕仔粉與鳳片粉拌勻。

4 過篩後，取得較細的糕粉。

5 先加入杏仁粉拌勻。

6 再加入熟黑芝麻粒拌勻。

7 取適量糕粉填入花朵造型模中。

8 壓緊實後，小心脫模。

9 再排入鋪好蒸籠紙的蒸籠中。

10 蓋上一張白紙，以小火蒸燜的方式，蒸約5分鐘至定型為止。

11 取出後待涼即可享用。

零失敗 Tips

- 杏仁糕冰過後，食用前需要用電鍋或蒸籠蒸熱。
- 材料全部為熟粉，必須壓緊實才不會散開，蒸製時只要外觀定型即可食用。
- 蓋一張白紙（或影印白紙、烘焙紙），能防止蒸製時所產生的水氣向下滴入。

米漿糰

芋頭鬆糕

| 份量 | 蒸籠 1 個（直徑 6 吋） | 火候 | 大火 | 時間 | 蒸 40 分鐘 | 最佳賞味期 | 室溫 1 天 / 冷藏 3 天 |

材料

- **A** 糕粉　　蓬來米粉 100g、糯米粉 60g、糖粉 50g、芋頭粉 130g、水 140g
- **B** 夾餡　　芋頭豆沙餡 150g

阿嬤時代最流行的 100 道米食點心　　　　　　　　　　　　　　　　　　　　Part 4

1　蓬萊米粉、糯米粉、糖粉與芋頭粉拌勻。

2　再加入水拌勻後，過篩兩次，取得細緻的糕粉，並分成兩份。

3　取一張蒸籠紙鋪在蒸籠上，將一份糕粉填入蒸籠中。

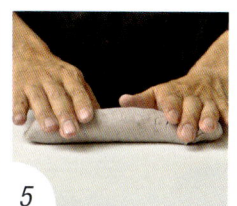

4　用刮板輕輕刮推平整。

5　將芋頭豆沙餡搓成長條後，圍於糕粉一圈。

6　再填入另一份的糕粉，用刮板輕輕刮推平整。

7　最後放入蒸籠中，以大火蒸 40 分鐘即可取出。

零失敗 Tips

- 鬆糕冰過後，食用前需要用電鍋或蒸籠蒸熱。
- 芋頭豆沙餡可到烘焙材料行購買。
- 糕粉倒入蒸籠後，必須用刮板輕輕刮平，如果太用力，則蒸好的糕點會比較硬。
- 蒸好的糕取出後，掀開蒸籠紙一小角，糕體邊緣若摸起來有彈性即表示熟了。

米漿糰

相思糕

I Love Rice Food

| 份量 | 約 **40** 個（每個約 30g） | 火候 | **小火** | 時間 | **蒸 5** 分鐘 | 最佳賞味期 | 室溫 **1** 天 / 冷藏 **3** 天 |

材料

A　糕粉　　蓬來米粉 250g、糯米粉 180g、糖粉 80g、水 200g、紅豆粒餡 100g（P.31）

B　夾餡　　白豆沙餡 320g（P.28）、抹茶粉 40g、低筋麵粉 40g

240

阿嬤時代最流行的100道米食點心　　　　　　　　　　　　　　　　　　　Part 4

1 蓬來米粉、糯米粉與糖粉放入調理盆中拌勻。

2 再加入水拌勻，過篩後，取得較細的糕粉。

3 加入紅豆粒餡拌勻，備用。

4 白豆沙餡、抹茶粉與低筋麵粉，放入調理盆中。

5 混合拌勻。

6 分成40份後搓圓即為夾餡。

7 取適量的糕粉填入長方形的鳳梨酥模中，先放入1份夾餡。

8 接著再填入一層糕粉。

9 用手壓緊實。

10 再小心脫模。

11 排入已鋪好蒸籠紙的蒸籠中。

12 蓋上一張白紙，以小火蒸燜的方式，蒸約5分鐘至定型為止。

13 取出後待涼即可享用。

零失敗 Tips

- 相思糕冰過後，食用前需要用電鍋或蒸籠蒸熱。
- 材料全部為熟粉，必須壓緊實才不會散開，蒸製時只要外觀定型即可食用。
- 蓋一張白紙（或影印白紙、烘焙紙），能防止蒸製時所產生的水氣向下滴入。

米漿糰

酥油糕

| 份量 | 約 **40** 個（每個約 7g） | 火候 | **小火** | 時間 | **蒸 5 分鐘** | 最佳賞味期 | 室溫 1 天 / 冷藏 3 天 |

材料　　糕粉　　糖粉 90g、豬油 60g、糕仔粉 100g、花生粉 60g

阿嬤時代最流行的100道米食點心　　　　　　　　　　　　　　　　　　　　Part 4

1 糖粉與豬油放入調理盆中。

2  混合拌勻成濕糖狀。

3  加入糕仔粉拌勻。

4 過篩後，取得較細的糕粉。

5  再加入花生粉拌勻。

6 取花朵造型模蓋於糕粉上。

7 用手壓實。

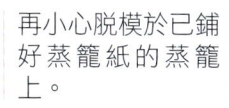

8 再小心脫模於已鋪好蒸籠紙的蒸籠上。

9 蓋上一張白紙，以小火蒸燜的方式，蒸約5分鐘至定型為止。

10 取出後待涼即可享用。

零失敗 Tips

- 酥油糕冰過後，食用前需要用電鍋或蒸籠蒸熱。
- 此產品使用較多的豬油，所以成品非常綿細，入口即化。
- 材料全部為熟粉，必須壓緊實才不會散開，蒸製時只要外觀定型即可食用。
- 蓋一張白紙（或影印白紙、烘焙紙），能防止蒸製時所產生的水氣向下滴入。

米漿糰

紅豆鬆糕

| 份量 | 蒸籠 1 個（直徑 6 吋） | 火候 | 大火 | 時間 | 蒸 40 分鐘 | 最佳賞味期 | 室溫半天 / 冷藏 3 天 |

材料
- A　紅豆水　蜜紅豆粒 30g、水 170g
- B　糕粉　　蓬萊米粉 250g、糯米粉 180g、糖粉 80g、紅豆粒餡 100g（P.31）
- C　其他　　蜜餞果乾 20g、紅豆粒餡 15g（P.31）

阿嬤時代最流行的100道米食點心　　　　　　　　　　　　　　　　　　Part 4

1 製作紅豆水：蜜紅豆粒放入食物調理機，倒入水，攪打均勻成汁備用。

2 蓬萊米粉、糯米粉與糖粉拌勻後，加入紅豆水。

3 再拌揉至鬆散狀態。

4 過篩兩次，取得細緻糕粉。

5 放入100g的紅豆粒餡，拌勻即為糕粉。

6 取一張蒸籠紙，鋪在蒸籠上，將糕粉填入蒸籠中，用刮板輕輕刮推平整。

7 再撒上蜜餞果乾、紅豆粒餡。

8 也放入蒸籠中，以大火蒸40分鐘即可。

零失敗 Tips

- 鬆糕冰過後，食用前需要用電鍋或蒸籠蒸熱。
- 可以在糕粉中間放入一層紅豆沙餡做夾餡。
- 鬆糕倒入蒸籠時，要用刮板輕輕刮，如果力量太大，則口感會太硬。
- 蒸好的糕取出後，掀開蒸籠紙一小角，糕體邊緣若摸起來有彈性即表示熟了。

245

米漿糰
雪片糕

| 份量 | 孔洞方形模 **1** 個
（長 16× 寬 16× 高 7 公分） | 火候 | **小火** | 時間 | 蒸 **15** 分鐘 → **10** 分鐘 | 最佳賞味期 | 室溫 **1** 天
冷藏 **3** 天 |

材料

- **A** 糕粉　　糖粉 180g、果糖 70g、沙拉油 45g、鳳片粉 225g
- **B** 其他　　熟黑芝麻粒 10g

阿嬤時代最流行的100道米食點心　　　　　　　　　　　　　　　　　　　　　Part ── 4

1. 將糖粉、果糖與沙拉油放入調理盆中。
2. 混合拌勻成濕糖狀。 
3. 接著加入鳳片粉拌勻。 
4. 過篩後，取得較細的糕粉。  
5. 再加入熟黑芝麻粒拌勻。 
6. 將糕粉填入孔洞的方形模中壓緊實。 
7. 再排入鋪好蒸籠紙的蒸籠上，蓋上一張白紙。  
8. 以小火蒸燜的方式，蒸約15分鐘至定型為止。 
9. 取出後，切成長條4份。 
10. 間隔排入鋪有一張白紙的蒸籠上，再蓋上一張白紙，以小火蒸燜約10分鐘至外型固定為止。 
11. 取出待涼後再切片即可。  

零失敗 Tips

- 雪片糕冰過後，食用前需要用電鍋或蒸籠蒸熱。
- 因為糕點的體積較大不容易熟，所以需要切成條狀，再蒸第二次才能蒸熟。
- 在蒸製時，上面需要蓋一張白紙（或影印白紙、烘焙紙），能防止水氣向下滴入。

米漿糰

茯苓糕

| 份量 | 約 **3** 個（每個約 60g） | 火候 | **小火** | 時間 | **蒸 10** 分鐘 | 最佳賞味期 | **室溫 1 天 / 冷藏 3 天** |

材料
- A　糕粉　　茯苓粉 130g、蓬萊米粉 100g、糯米粉 60g、糖粉 50g、水 140g
- B　夾餡　　紅豆沙餡 150g（P.30）

阿嬤時代最流行的100道米食點心　　　　　　　　　　　　　　　　　　　　　　　　Part —— 4

1　茯苓粉、蓬來米粉、糯米粉、糖粉與水放入調理盆中拌勻。

2　過篩後，取得較細的糕粉，並分成6份。

3　紅豆沙餡放入塑膠袋中，擀成非常薄的片狀。

4　用直徑8公分的空心模，壓出3個圓形。

5　翻開塑膠袋，備用。

6　取1份糕粉填入直徑8公分的空心模中壓緊實。

7　放入1片紅豆沙餡後，接著填入1份糕粉。

8　用手壓緊實。

9　再小心脫模。

10　排入已鋪好蒸籠紙的蒸籠中。

11　蓋上一張白紙，以小火蒸燜的方式，蒸約10分鐘至定型為止。

12　取出後待涼即可享用。

零失敗 Tips

- 茯苓糕冰過後，食用前需要用電鍋或蒸籠蒸熱。
- 茯苓糕容易風乾而裂開，所以放涼後請放入密封盒。
- 蒸好的糕脫模後，摸糕體邊緣時感受到有彈性，即表示熟了。

米漿糰

芝麻糕

| 份量 | 約 **50** 個（每個約 8g） | 火候 | **小火** | 時間 | **蒸 5** 分鐘 | 最佳賞味期 | **室溫 1 天 / 冷藏 3 天** |

| 材料 | A | 糕粉 | 糖粉 200g、水 30g、麥芽糖 30、鹽 1g、沙拉油 3g、糕仔粉 60g、鳳片粉 60g |
| | B | 其他 | 黑芝麻粉 15g、熟白芝麻粒 25g |

阿嬤時代最流行的 100 道米食點心　　　　　　　　　　　　　　Part 4

1. 糖粉、水、麥芽糖、鹽與沙拉油放入調理盆中。
2. 混合拌勻成濕糖狀。 
3. 接著加入糕仔粉與鳳片粉拌勻。
4. 過篩後,取得較細的糕粉。 
5. 先加入黑芝麻粉拌勻。 
6. 再加入熟白芝麻粒拌勻。 
7. 取菊花造型模壓入糕粉中。 
8. 壓緊實後,向上拉起並小心脫模。 
9. 再排入已鋪好蒸籠紙的蒸籠中,以小火蒸燜的方式,蒸約 5 分鐘至定型為止。 
10. 取出後待涼即可享用。 

零失敗 Tips

- 芝麻糕冰過後,食用前需要用電鍋或蒸籠蒸熱。
- 可以挑選其他造型的壓模來製作,產生更多形狀的糕。
- 材料全部為熟粉,必須壓緊實才不會散開,蒸製時只要外觀定型即可食用。

251

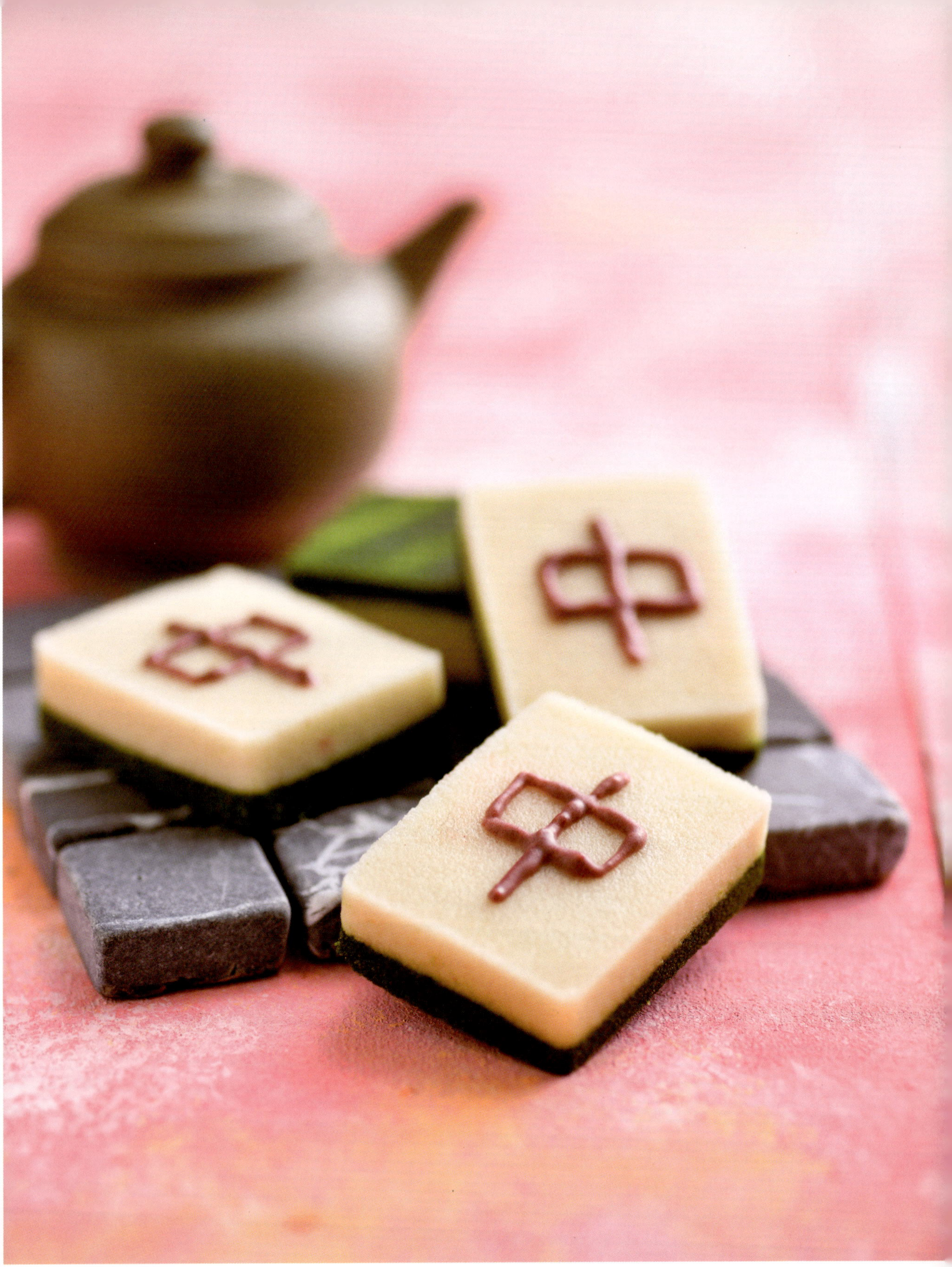
中
中
中

阿嬤時代最流行的100道米食點心　　　　　　　　　　　　　　　　　　　Part 4

米漿糰
國粹麻將糕

份量　約 **20** 個（每個約 20g）
火候　**小火**
時間　**蒸 5** 分鐘
最佳賞味期　室溫 1 天 / 冷藏 3 天

材料
- A　漿糊　糖粉 200g、水 30g、麥芽糖 30g、鹽 1g、沙拉油 3g、糕仔粉 60g、鳳片粉 60g
- B　餡料　抹茶粉 5g、白巧克力 30g、甜菜根粉 3g

1. 糖粉、水、麥芽糖、鹽與沙拉油放入調理盆中。
2. 混合拌勻成濕糖狀。  
3. 接著加入糕仔粉與鳳片粉拌勻。  
4. 過篩後，取得較細的糕粉。 
5. 將糕粉分成兩份（1 份 240g、1 份 120g）。 
6. 先將 120g 小份與抹茶粉混合拌勻。 
7. 過篩好後即為綠色糕粉；至於 240g 則為原本的白糕粉，備用。 
8. 先取適量的綠色糕粉填入長方形鳳梨酥模中。

9 仔細地壓緊實。

10 再填入適量的白糕粉（綠、白比例為 1：2）。

11  壓緊實後，小心脫模。

12 排入鋪好蒸籠紙的蒸籠中。

13 蓋上一張白紙，以小火蒸燜的方式，蒸約 5 分鐘至定型為止，取出後待涼。

14 白巧克力放入耐熱盆中。

15 放入甜菜根粉，以隔水加熱的方式融化。

16 混合拌勻。

17 再裝入白紙捲成的錐形中，剪一個小洞。

18 在蒸好的麻將糕上，寫出紅色字「中」即可。

零失敗 Tips

- 麻將糕放入冰箱冰過後，食用前需要用電鍋或蒸籠蒸熱。
- 材料皆為熟粉，必須壓緊實才不會散開，蒸製時只要外觀定型即可食用。
- 在蒸製時，上面需要蓋一張白紙（或影印白紙、烘焙紙），能防止水氣向下滴入。
- 紅色字可以寫其他發、東、西、南、北等字，或是畫圖案，都非常適合。

米漿糰

梅香糕

Part 4

I Love Rice Food

| 份量 約 **15** 個（每個約 25g） | 火候 **小火** | 時間 蒸 **15** 分鐘 |

最佳賞味期 **室溫 1 天 / 冷藏 3 天**

| 材料 | 糕粉 | 糖粉 160g、水 30g
麥芽糖 30g、豬油 4g
糕仔粉 140g、鳳片粉 60g
梅子粉 4g |

零失敗 Tips

- 梅香糕冰過後，食用前需要用電鍋或蒸籠蒸熱。
- 梅香糕與鬆糕不同，使用的全部是熟粉，所以必須壓緊實，蒸到外觀定型。
- 梅子粉也可以換成同份量的抹茶粉、咖啡粉，自由變化出個人喜愛的風味。

1 糖粉、水、麥芽糖與豬油放入調理盆中，混合拌勻成濕糖狀。

2 接著加入糕仔粉、鳳片粉與梅子粉拌勻。

3 過篩後，取得較細的糕粉。

4 取適量的糕粉填入空心模中。

5 壓緊實後，小心脫模於鋪好蒸籠紙的蒸籠中。

6 蓋上一張白紙，以小火蒸燜的方式，蒸約 5 分鐘至定型為止。

7 取出後待涼即可享用。

255

米漿糰

咖啡糕

| 份量 | 約 25 個（每個約 20g） | 火候 | 小火 | 時間 | 蒸 15 分鐘 | 最佳賞味期 | 室溫 1 天 / 冷藏 3 天 |

材料

A 糕粉　糖粉 200g、水 30g、麥芽糖 30g、鹽 1g、沙拉油 3g、糕仔粉 60g、鳳片粉 60g

B 其他　咖啡粉 125g、糖粉 30g

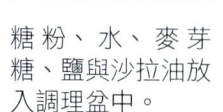

阿嬤時代最流行的 100 道米食點心　　　　　　　　　　　　　　　　　　　　Part 4

1. 糖粉、水、麥芽糖、鹽與沙拉油放入調理盆中。
2. 再混合拌勻成濕糖狀。  
3. 接著加入糕仔粉與鳳片粉。 
4. 混合拌勻。 
5. 倒入篩網中，再過篩好。 
6. 再與咖啡粉混合拌勻。 
7. 過篩後，取得較細的糕粉。 
8. 取適量的糕粉填入造型模中。 
9. 用手壓緊實。 
10. 再小心脫模。 
11. 排入鋪好蒸籠紙的蒸籠中。 
12. 蓋上一張白紙，以小火蒸燜的方式，蒸約 15 分鐘至定型為止。  
13. 取出後待涼，再篩上一層薄薄的糖粉即可。

零失敗 Tips

- 咖啡糕冰過後，食用前需要用電鍋或蒸籠蒸熱。
- 可以挑選其他造型的壓模來製作，產生更多形狀的糕。
- 材料皆為熟粉，必須壓緊實才不會散開，蒸製時只要外觀定型即可食用。
- 在蒸製時，上面需要蓋一張白紙（或影印白紙、烘焙紙），能防止水氣向下滴入。

米漿糰

熊熊創意起司糕

| 份量 | 約 **15** 個（每個約 25g） | 火候 | **小火** | 時間 | **蒸 5** 分鐘 | 最佳賞味期 | 室溫 1 天 / 冷藏 3 天 |

材料

A 糕粉　糖粉 200g、水 30g、麥芽糖 30g、鹽 1g、沙拉油 3g、糕仔粉 60g、鳳片粉 60g

B 其他　起司粉 35g

阿嬤時代最流行的100道米食點心　　　　　　　　　　　　　　　Part 4

1 糖粉、水、麥芽糖、鹽與沙拉油放入調理盆中。

2  混合拌勻成濕糖狀。

3 接著加入糕仔粉與鳳片粉。

4 全部拌勻。

5 再用篩網過篩好。

6 與起司粉混合拌勻。

7  過篩後，取得較細的糕粉。

8 取適量的糕粉填入熊造型模中。

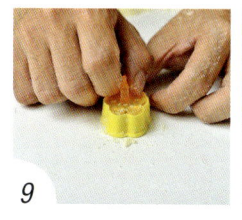

9 壓緊實後，小心脫模。

10 再排入已鋪好蒸籠紙的蒸籠上。

11 蓋上一張白紙，以小火蒸燜的方式，蒸約5分鐘至定型為止。

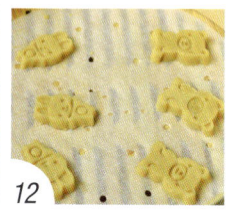

12 取出後待涼即可享用。

零失敗 Tips

- 起司糕冰過後，食用前需要用電鍋或蒸籠蒸熱。
- 各種造型的壓模都非常適合，以一口一個為更佳。
- 這款產品添加起司粉，在風味上有別於一般傳統糕點。
- 材料皆為熟粉，必須壓緊實才不會散開，蒸製時只要外觀定型即可食用。
- 在蒸製時，上面需要蓋一張白紙（或影印白紙、烘焙紙），能防止水氣向下滴入。

259

廚房 Kitchen 0154

阿嬤時代最流行的 100 道米食點心

第一次動手做就能成功的超強古早味，2000 張照片全圖解

作者	陳麒文
烹飪助手	黃子庭、曾雁琳、王心伶
總編輯	鄭淑娟
行銷主任	邱秀珊
企劃主編	葉菁燕
協力編輯	歐子玲
美術設計	行者創意
攝影	周禎和
商品贊助	皇冠金屬工業股份有限公司、梓園碾米工廠

出版者	日日幸福事業有限公司
電話	（02）2368-2956
傳真	（02）2368-1069
地址	106 台北市和平東路一段 10 號 12 樓之 1
郵撥帳號	50263812
戶名	日日幸福事業有限公司
法律顧問	王至德律師
電話	（02）2341-5833

發行	聯合發行股份有限公司
電話	（02）2917-8022
製版	中茂分色製版印刷股份有限公司
電話	（02）2225-2627
初版一刷	2025 年 5 月
定價	650 元

國家圖書館出版品預行編目資料

阿嬤時代最流行的 100 道米食點心：第一次動手做就能成功的超強古早味，2000 張照片全圖解 / 陳麒文著. -- 初版. -- 臺北市：日日幸福事業有限公司, 2025.05
面；　公分. -- (廚房 Kitchen；154)
ISBN 978-626-7414-53-8(平裝)

1.CST: 飯粥 2.CST: 食譜

427.35　　　　　　　　　114004993

版權所有　翻印必究
※ 本書如有缺頁、破損、裝訂錯誤，
　 請寄回本公司更換

索引

本書各地風味米食產品一覽表
（依筆畫順序排列）

土耳其
- 土耳其米布丁（P.98）

中式
- 珍珠丸子（P.73）
- 米窩窩頭（P.77）
- 桂花甜藕（P.88）
- 雲南糯米粑粑（P.96）
- 潮州鹹水粿（P.114）
- 驢打滾（P.150）
- 芝麻花生麻糬（P.152）
- 冰皮水果月餅（P.154）
- 芝麻球（P.162）
- 心太軟（P.184）
- 水果酒釀甜湯圓（P.186）
- 桂花糕（P.230）
- 糕仔崙（P.234）
- 紅豆鬆糕（P.244）
- 雪片糕（P.246）
- 茯苓糕（P.248）
- 梅香糕（P.255）

日式
- 明太子烤日式飯糰（P.58）
- 照燒豬肉米漢堡（P.60）
- 米製可樂餅（P.62）
- 可愛一口壽司（P.64）
- 彩虹壽司捲（P.67）
- 超卡哇伊豆皮壽司（P.70）
- 日式米串燒（P.199）
- 草莓大福（P.202）
- 日式煎草餅（P.204）

台式
- 筒仔米糕（P.38）
- 油飯（P.40）
- 竹筒飯（P.44）
- 台式肉粽（P.46）
- 豆沙粽（P.49）
- 台式紫米飯糰（P.56）
- 糯米腸（P.74）
- 海鮮粥（P.82）
- 八寶粥（P.84）
- 傳統桂圓甜米糕（P.90）
- 紫米地瓜糕（P.92）
- 肉圓（P.102）
- 鹼粽（P.105）
- 碗粿（P.110）
- 油粿（P.112）
- 米蚵仔煎（P.116）
- 鹹水餃（P.118）
- 芋粿巧（P.122）
- 草仔粿（P.124）
- 菜包粿（P.126）
- 紅龜粿（P.129）
- 芋籤粿（P.132）

台式
- 油蔥粿（P.134）
- 頂級 XO 粿（P.136）
- 蜜汁粳仔粿（P.138）
- 甜年糕（P.146）
- 芋頭糕（P.148）
- 花生米漿（P.158）
- 核桃桂圓米蛋糕（P.160）
- 花朵米發糕（P.164）
- 彩虹雙圓（P.166）
- 紫玉涼糕（P.174）
- 熊腳印紅豆年糕（P.176）
- 花好月圓（P.178）
- 可愛熊熊湯圓（P.188）
- 白糖粿（P.190）
- 草莓水果米布丁（P.192）
- 米苔目八寶冰（P.194）
- 翡翠白玉粿（P.196）
- 節慶鳳片糕（P.232）
- 杏仁糕（P.236）
- 相思糕（P.240）
- 酥油糕（P.242）
- 芝麻糕（P.250）
- 國粹麻將糕（P.252）

西式
- 糯米巧克力蛋糕（P.220）
- 十穀米麵包（P.222）
- 紫金米吐司（P.225）
- 咖啡糕（P.256）
- 熊熊創意起司糕（P.258）

南洋
- 南洋娘惹糕（P.218）

客家
- 客家黑糖九層粿（P.140）
- 客家粿粽（P.143）
- 黑糖牛浣水（P.156）

泰式
- 泰式鳳梨炒飯（P.54）
- 泰式芋頭黑糯米（P.94）
- 皇室米點心（P.206）
- 泰式三色糯米球（P.209）
- 泰國黃金糕（P.212）
- 泰國象鼻子糕（P.214）

港式
- 港式荷葉雞飯（P.42）
- 廣東粥（P.80）
- 蘿蔔糕（P.108）
- 黑糯米捲（P.169）
- 桂圓倫教糕（P.172）
- 紅豆缽仔糕（P.180）
- 叉燒腸粉（P.182）
- 椰香糯米糍（P.216）

越南
- 椰汁越南肉粽（P.52）

韓式
- 韓式人參糯米雞湯（P.85）
- 三色韓式米花糖（P.86）
- 炒韓國年糕（P.120）

附錄

烘焙食品材料行一覽表

北 部				
富盛	200	基隆市仁愛區曲水街 18 號	（02）2425-9255
美豐	200	基隆市仁愛區孝一路 36 號	（02）2422-3200
新樺	200	基隆市仁愛區獅球路 25 巷 10 號	（02）2431-9706
遠東新食器	200	基隆市仁愛區忠三路 99 號	（02）2425-9855
嘉美行	202	基隆市中正區豐稔街 130 號 B1	（02）2462-1963
楊春美	203	基隆市中山區成功二路 191 號	（02）2429-2434
生活集品	103	臺北市大同區太原路 89 號	（02）2559-0895
日盛	103	臺北市大同區太原路 175 巷 21 號 1 樓	（02）2550-6996
燈燦	103	臺北市大同區民樂街 125 號 1 樓	（02）2553-3434
洪春梅	103	臺北市大同區民生西路 389 號	（02）2553-3859
白鐵號	104	臺北市中山區民生東路二段 116 號	（02）2561-8776
義興	105	臺北市松山區富錦街 574 巷 2 號 1 樓	（02）2760-8115
樂烘焙	106	臺北市大安區和平東路三段 68-7 號	（02）2738-0306
棋美	106	臺北市大安區復興南路二段 292 號	（02）2737-5508
日光	110	臺北市信義區莊敬路 341 巷 19 號	（02）8780-2469
全鴻	110	臺北市信義區忠孝東路五段 743 巷 27 號	（02）8785-9113
飛訊	111	臺北市士林區承德路四段 277 巷 83 號	（02）2883-0000
橙品（台北）	112	臺北市北投區振華街 38 號	（02）2828-0800
嘉順	114	臺北市內湖區五分街 25 號	（02）2632-9999
明瑄	114	臺北市內湖區港墘路 36 號	（02）8751-9662
元寶	114	臺北市內湖區瑞湖街 182 號	（02）2792-3837
橙佳坊	115	臺北市南港區玉成街 211 號	（02）2786-5709
得宏	115	臺北市南港區研究院路一段 96 號	（02）2783-4843
菁乙	116	臺北市文山區景華街 88 號	（02）2933-1498
水蘋果	116	臺北市文山區景福街 13 號	0909-829-951
全家	116	臺北市文山區羅斯福路五段 218 巷 36 號	（02）2932-0405
大家發	220	新北市板橋區三民路一段 101 號	（02）8953-9111
旺達	220	新北市板橋區信義路 165 號	（02）2952-0808
愛焙	220	新北市板橋區莒光路 103 號	（02）2250-9376

店名	郵遞區號	地址	電話
聖寶	220	新北市板橋區觀光街 5 號	（02）2963-3112
佳佳	231	新北市新店區三民路 88 號	（02）2918-6456
佳緣	231	新北市新店區寶中路 83 號	（02）2918-4889
珍愛烘	231	新北市新店區安民待 80 號	（02）2211-5542
灰熊愛	234	新北市永和區竹林路 72 巷 1 號	（02）2926-7258
艾佳（中和）	235	新北市中和區宜安路 118 巷 14 號	（02）8660-8895
安欣	235	新北市中和區連城路 389 巷 12 號	（02）2225-0018
全家（中和）	235	新北市中和區景安路 90 號	（02）2245-0396
馥品屋（樹林）	238	新北市樹林區大安路 173 號	（02）8675-1687
烘焙客	237	新北市三峽區三樹路 7 巷 9 號	（02）3501-8577
快樂媽媽	241	新北市三重區永福街 242 號	（02）2287-6020
亞芯	241	新北市三重區自由街 17 巷 1 號	（02）2984-3766
豪品	241	新北市三重區信義西街 7 號	（02）8982-6884
家藝	241	新北市三重區重陽路一段 113 巷 1 弄 38 號	（02）8983-2089
艾佳（新莊）	242	新北市新莊區中港路 511 號	（02）2994-9499
鼎香居	242	新北市新莊區新泰路 408 號	（02）2992-6465
德麥食品	248	新北市五股工業區五權五路 31 號	（02）2298-1347
銘珍	251	新北市淡水區下圭柔山 119-12 號	（02）2626-1234
欣新	260	宜蘭市進士路 155 號	（03）936-3114
裕順	268	宜蘭縣五結鄉五結路三段 438 號	（03）960-5500
做點心過生活（新竹東大）	300	新竹市北區東大路二段 203 號	（03）533-4589
做點心過生活（竹北）	302	新竹縣竹北市光明三路 73 號	（03）657-3458
全國（大有）	330	桃園市桃園區大有路 85 號	（03）333-9985
艾佳（桃園）	330	桃園市桃園區永安路 498 號	（03）332-0178
湛勝	330	桃園市桃園區永安路 159-2 號	（03）332-5776
和興	330	桃園市三民路二段 69 號	（03）339-3742
艾佳（中壢）	320	桃園縣中壢區環中東路二段 762 號	（03）468-4558
桃榮	320	桃園縣中壢市中平路 91 號	（03）425-8116
東海	324	桃園縣平鎮市中興路平鎮段 409 號	（03）469-2565
家佳福	324	桃園市平鎮區環南路 66 巷 18 弄 24 號	（03）492-4558
馥品屋（林口）	333	桃園市龜山區頂湖路 59 號	（03）397-9258
陸光	334	桃園縣八德市陸光街 1 號	（03）362-9783
全國（南崁長興）	338	桃園市蘆竹區長興路四段 338 號	（03）322-5820
新盛發	300	新竹市民權路 159 號	（03）532-3027
萬和行	300	新竹市東門街 118 號	（03）522-3365

店名	郵遞區號	地址	電話
新勝（熊寶寶）	300	新竹市香山區中山路 640 巷 102 號	（03）538-8628
永鑫	300	新竹市東區中華路一段 193 號	（03）532-0786
力陽	300	新竹市香山區中山路 640 巷 168 弄 26 號	（03）523-6773
康迪（烘培天地）	308	新竹市寶山鄉館前路 92 號	（03）520-8250
葉記	300	新竹市北區鐵道路二段 231 號	（03）531-2055
艾佳（新竹）	302	新竹縣竹北市成功八路 286 號	（03）550-5369
天隆	351	苗栗縣頭份市中華路 641 號	（03）766-0837
艾佳（頭份）	351	苗栗縣頭份市自強路 186 號	（03）767-6416
艾佳（苗栗）	360	苗栗縣苗栗市中山路 80 號	（03）726-8501

中部

店名	郵遞區號	地址	電話
總信	402	臺中市南區復興路三段 109-5 號	（04）2229-1399
橙品（台中）	403	臺中市西區存中街 24 號	（04）2371-8999
永誠行（民生）	403	臺中市西區民生路 147 號	（04）2224-9876
永誠行（精誠）	403	臺中市西區精誠路 317 號	（04）2472-7578
玉記（台中）	403	臺中市西區向上北路 170 號	（04）2301-7576
永美	404	臺中市北區健行路 665 號	（04）2205-8587
齊誠	404	臺中市北區雙十路二段 79 號	（04）2234-3000
裕軒（台中）	406	臺中市北屯區昌平路二段 20-2 號	（04）2421-1905
辰豐	407	臺中市西屯區中清路 1241 號	（04）2425-2433
利生	407	臺中市西屯區河南路二段 83 號	（04）2314-5939
生暉	407	臺中市西屯區福順路 10 號	（04）2463-5678
艾佳（豐原）	420	臺中市大甲區中山路一段 790 號	（04）2687-3372
漢泰	420	臺中市豐原區直興街 76 號	（04）2522-8618
豐圭	420	臺中市豐原區大明路 15 號	（04）2529-6158
東陞	432	臺中市大肚區自由路 267 號	（04）2699-3288
誠寶	433	臺中市沙鹿區鎮南路二段 570 號	（04）2662-2526
鼎亨行	437	臺中市大里區光明路 60 號	（04）2686-2172
永誠行（三福）	500	彰化市三福街 195 號	（04）724-3927
億全	500	彰化縣彰化市中山路二段 306 號	（04）726-9774
永明	500	彰化縣彰化市彰草路 7 號	（04）761-9348
上豪	505	彰化縣鹿港鎮鹿和路 3 段 562 號	（04）772-2007
金永誠	510	彰化縣員林鎮永和街 22 號	（04）832-2811
信通	540	南投縣南投市中山街 324 號	（049）223-1055

店名	郵遞區號	地址	電話
中信	540	南投縣南投市中華路 316 號	(049) 225-8343
樂採採	540	南投縣南投市建國路 58 號	(049) 222-1608
順興	542	南投縣草屯鎮中正路 586-5 號	(049) 233-3455
宏大行	545	南投縣埔里鎮永樂巷 14 號	(049) 298-2766
米那賞	630	雲林縣斗南鎮建國一路 39 號	(05) 595-0800
彩豐	640	雲林縣斗六市西平路 137 號	(05) 551-6158
世緯	640	雲林縣斗六市嘉東南路 25-2 號	(05) 534-2955

南 部

店名	郵遞區號	地址	電話
新瑞益（嘉義）	600	嘉義市仁愛路 142-1 號	(05) 286-9545
翊鼎	600	嘉義市西區友忠路 538 號	(05) 232-1888
群益	600	嘉義市西區高鐵大道 888 號	(05) 237-5666
Ruby 夫人	600	嘉義市西區遠東街 50 號	(05) 231-3168
福美珍	600	嘉義市西榮街 135 號	(05) 216-8681
歐樂芙	621	嘉義縣民雄鄉建國路二段 146-22 號	(05) 220-6150
名陽	622	嘉義縣大林鎮自強街 25 號	(05) 265-8482
禾豐	651	雲林縣北港鎮文昌路 140 號	(05) 783-0666
永昌（台南）	701	臺南市東區長榮路一段 115 號	(06) 237-7115
松利	701	臺南市東區崇善路 440 號	(06) 268-1268
永豐	702	臺南市南區賢南街 51 號	(06) 291-1031
利承	702	臺南市南區興隆路 103 號	(06) 296-0138
銘泉	704	臺南市北區和緯路二段 223 號	(06) 251-8007
開南（公園）	704	臺南市北區公園南路 248 號	(06) 220-7079
旺來鄉（小北）	704	臺南市北區西門路四段 115 號	(06) 252-7975
開南（海安）	704	臺南市北區海安路三段 265 號	(06) 280-6516
富美	704	臺南市北區開元路 312 號	(06) 234-5761
開南（永康）	710	臺南市永康區永大路二段 1052 號	(06) 280-6516
旺來鄉（仁德）	717	臺南市仁德區中山路 797 號 1F	(06) 249-8701
開南（麻豆）	721	臺南市麻豆區新生北路 26 號	(06) 571-6569
玉記（高雄）	800	高雄市新興區六合一路 147 號	(07) 236-0333
正大行（高雄）	800	高雄市新興區五福二路 156 號	(07) 261-9852
旺來興（明誠）	802	高雄市苓雅區凱旋三路 345 號	(07) 716-0023
旺來興（明誠）	804	高雄市鼓山區明誠三路 461 號	(07) 550-5991
旺來昌（公正）	806	高雄市前鎮區公正路 181 號	(07) 713-5345

旺來昌（右昌）	811	高雄市楠梓區壽豐路 385 號	（07）301-2018
旺來昌（博愛）	813	高雄市左營區博愛三路 466 號	（07）345-3355
德興	807	高雄市三民區十全二路 101 號	（07）311-4311
十代	807	高雄市三民區懷安街 30 號	（07）386-1935
福市	824	高雄市燕巢區鳳澄路 200-12 號	（07）615-2289
茂盛	820	高雄市岡山區前峰路 29-2 號	（07）625-9679
順慶	830	高雄市鳳山區中山路 25 號	（07）740-4556
旺來興（本館）	833	高雄市鳥松區本館路 151 號	（07）370-2223
雅植	840	高雄市大樹區中山路 134 巷 45-5 號對面	（07）651-1226
四海（屏東）	900	屏東縣屏東市民生路 180 號	（08）733-5595
愛料理	900	屏東縣屏東市民和路 73 號	（08）723-7896
			（08）723-7897
裕軒（屏東）	900	屏東市廣東路 398 號	（08）737-4759
旺來昌（內埔）	912	屏東縣內埔鄉內田村廣濟路 1 號	（08）778-4289
裕軒（潮州）	920	屏東縣潮州鎮太平路 473 號	（08）788-7835
四海（潮州）	920	屏東縣潮州鎮延平路 31 號	（08）789-2759
四海（東港）	928	屏東縣東港鎮光復路二段 1 號	（08）835-6277
四海（恆春）	946	屏東縣恆春鎮恆南路 17-3 號	（08）888-2852

東部 與 離島

萬客來	970	花蓮市中華路 382 號	（038）362-628
勝華	970	花蓮市中山路 723 號 1 樓	（038）565-285
款款烘焙	970	花蓮市明禮路 22-2 號	（038）326-933
梅珍香	973	花蓮縣吉安鄉中原路一段 128 號	（038）356-852
大麥	973	花蓮縣吉安鄉建國路一段 58 號	（038）461-762
大麥	973	花蓮縣吉安鄉自強路 369 號	（038）575-821
華茂	973	花蓮縣吉安鄉中原路一段 141 號	（038）539-538
玉記（台東）	950	台東縣台東市漢陽北路 30 號	（089）326-505
地球村	950	台東縣台東市傳廣路 393 號	（089）347-687
賈斯特	950	台東縣台東市大忠路 25 號	（089）227-625
福昌	950	台東縣台東市新生路 341 號	（089）323-270
三暉	880	澎湖縣馬公市西文澳 92-87 號	（06）921-0560
永誠	880	澎湖縣馬公市林森路 63 號	（06）927-9323

後山

最純粹的味道　來自最純粹的心

梓園碾米工廠位於臺灣縱谷平原的臺東縣關山鎮，群山環抱

給予最佳屏障，濾水潺潺造就千畝良田，膏腴之土孕育「後山好米」，

天然無污染之絕佳環境，100%的專業耕作及農民的赤子之心。

梓園碾米工廠有限公司
ZiYuan　Rice Husking Factory Ltd.

官方網站:https://www.zi-yuan.com.tw/
地址:台東縣關山鎮德高里永豐69號
Tel:(089)931-888

最 純 粹 的 味 道　來 自 最 純 粹 的 心 。

梓園碾米工廠位於台灣縱谷平原的台東縣關山鎮，群山環抱
給予絕佳屏障，綠水潺潺造就千畝良田，膏腴之土孕育「後山好米」
，天然無汙染之絕佳環境，100%的專業耕作及農民的赤子之心。

皇帝米

梓園碾米工廠
Zi-Yuan Rice Husking Factory

台東縣關山鎮德高里永豐路6鄰69號
Tel +886 089-931888

好禮大放送都在日日幸福！

只要填好讀者回函卡寄回本公司（直接投郵），您就有機會得到以下各項大獎。

獎項內容

THERMOS 膳魔師
新一代蘋果原味鍋雙耳湯鍋 22cm
市價 7,500 元 / 共 2 名

THERMOS 膳魔師
全能燉煮鍋 24cm
市價 7,000 元 / 共 2 名

德國 BEKA
Twist 萃思特陶瓷健康鍋系列
雙耳附蓋炒鍋 30cm
市價 4,500 元 / 共 2 名

THERMOS 膳魔師
全能燉煮鍋 16cm
市價 4,000 元 / 共 2 名

台東梓園後山米
「一家食禮盒」
（內含後山履歷米 1.5kg*2+
後山輕糙米 1.5kg*2）
市價 1,060 元 / 共 3 名

參加辦法

只要購買《阿嬤時代最流行的 100 道米食點心——第一次動手做就能成功的超強古早味，2000 張照片全圖解》填妥書裡「讀者回函卡」（免貼郵票）於 2025 年 8 月 20 日前（郵戳為憑）寄回【日日幸福】，本公司將抽出以上幸運的讀者，得獎名單將於 2025 年 9 月 1 日公布在：
日日幸福粉絲團：https://www.facebook.com/happinessalwaystw

* 以上獎項，非常感謝皇冠金屬工業股份有限公司（TERMOS 膳魔師 & 德國 BEKA）與梓園碾米工廠大方熱情贊助。

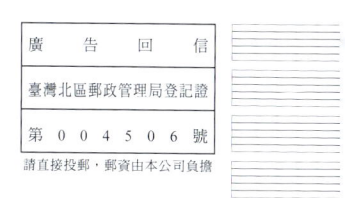

請沿虛線剪下，黏貼好後，直接投入郵筒寄回

廣 告 回 信
臺灣北區郵政管理局登記證
第 0 0 4 5 0 6 號
請直接投郵，郵資由本公司負擔

10643
台北市大安區和平東路一段10號12樓之1
日日幸福事業有限公司　收

讀　　　　者　　　　回　　　　函　　　　卡

感謝您購買本公司出版的書籍，您的建議就是本公司前進的原動力。請撥冗填寫此卡，我們將不定期提供您最新的出版訊息與優惠活動。

▶

姓名：＿＿＿＿＿＿＿＿＿＿　性別：□男　□女　　出生年月日：民國＿＿＿年＿＿＿月＿＿＿日
E-mail：＿＿＿＿＿＿＿＿＿＿＿＿＿＿＿＿＿＿＿＿＿＿＿＿＿＿＿＿＿＿＿＿＿＿＿
地址：□□□□＿＿＿＿＿＿＿＿＿＿＿＿＿＿＿＿＿＿＿＿＿＿＿＿＿＿＿＿＿＿
電話：＿＿＿＿＿＿＿＿　手機：＿＿＿＿＿＿＿＿　傳真：＿＿＿＿＿＿＿＿
職業：□學生　　　　　□生產、製造　　□金融、商業　　□傳播、廣告
　　　□軍人、公務　　□教育、文化　　□旅遊、運輸　　□醫療、保健
　　　□仲介、服務　　□自由、家管　　□其他

▶

1. 您如何購買本書？□一般書店（　　　　書店）□網路書店（　　　書店）
　　　　□大賣場或量販店（　　　　）□郵購　□其他
2. 您從何處知道本書？□一般書店（　　　　書店）□網路書店（　　　書店）
　　　　□大賣場或量販店（　　　　）□報章雜誌　□廣播電視
　　　　□作者部落格或臉書　□朋友推薦　□其他
3. 您通常以何種方式購書（可複選）？□逛書店　□逛大賣場或量販店　□網路　□郵購
　　　　□信用卡傳真　□其他
4. 您購買本書的原因？□喜歡作者　□對內容感興趣　□工作需要　□其他
5. 您對本書的內容？　□非常滿意　□滿意　□尚可　□待改進＿＿＿＿＿＿
6. 您對本書的版面編排？□非常滿意　□滿意　□尚可　□待改進＿＿＿＿＿＿
7. 您對本書的印刷？　□非常滿意　□滿意　□尚可　□待改進＿＿＿＿＿＿
8. 您對本書的定價？　□非常滿意　□滿意　□尚可　□太貴
9. 您的閱讀習慣：　□生活風格　□休閒旅遊　□健康醫療　□美容造型　□兩性
　　　　　　　　　□文史哲　□藝術設計　□百科　□圖鑑　□其他
10. 您是否願意加入日日幸福的臉書（Facebook）？　□願意　□不願意　□沒有臉書
11. 您對本書或本公司的建議：＿＿＿＿＿＿＿＿＿＿＿＿＿＿＿＿＿＿＿＿＿＿
＿＿＿＿＿＿＿＿＿＿＿＿＿＿＿＿＿＿＿＿＿＿＿＿＿＿＿＿＿＿＿＿＿＿＿
＿＿＿＿＿＿＿＿＿＿＿＿＿＿＿＿＿＿＿＿＿＿＿＿＿＿＿＿＿＿＿＿＿＿＿
＿＿＿＿＿＿＿＿＿＿＿＿＿＿＿＿＿＿＿＿＿＿＿＿＿＿＿＿＿＿＿＿＿＿＿

註──本讀者回函卡傳真與影印皆無效，資料未填完整即喪失抽獎資格。